알키온을 활용한 원격교육교재

임 상 영 양 학

이영순 저

오성미디어

머리말

현대사회는 의학의 진보로 많은 질병들을 상당히 효과적으로 예방하고 치료함이 가능해지고 있으나 아직도 많은 사람들이 질병에 시달리고 있다. 최근에는 강력하고 새로운 질병들이 우리 인간의 삶을 어렵게 하고 있다. 영양학의 발달로 각종 질환의 원인과 치료에 영양상태의 질이 매우 크게 관여하고 있음이 속속 밝혀짐에 따라서 영양학의 중요성도 점점 더 강조되어 가고 있다.

임상소견과 관련되는 영양상태에 관해 연구하는 영양학의 한 분야인 임상영양학은 영양학에 임상적인 분야를 결합하여 만들어진 개념이다. 임상이란 병을 치료하고 예방하기위해 환자를 관리하는 것이며 영양학이 섭취한 음식이 체내에서 사용되어 끼치는 여러 가지 현상을 연구하는 학문이므로, 임상영양학은 이 두 가지 개념을 합하여 환자의 영양과 질병의 관계를 규명하고 탐구하는 학문이라고 할 수 있다.

학생들을 위한 매년 많은 수의 임상영양학교재가 간행되고 있지만 인터넷을 활용한 원격교재는 별로 없어 원거리 학생들을 위한 원격교재로 출판하게 되었다.

출판을 위해 애써주신 오성미디어 오성걸 사장님과 임직원께 감사드리며, 이 책이 학생들의 공부를 위한 교재로써의 역할뿐만 아니라 가정상비의 건강관련 교양서적이나 참고도서의 역할도 해주길 기대하면서 집필을 마친다.

출판에 힘써주신 모든 분들께 감사드린다.

2013년 1월

저자

차 례

⌘제1장⌘

임상영양학과 영양사

제1장 임상영양학과 영양사

1. 임상영양관리

임상영양관리는 질병이나 상해를 치료하기 위한 의학적인 영양서비스를 제공하는 것으로 영양상태 판정과 치료의 두 단계로 구분된다. 즉 입원환자를 대상으로 영양요법을 실시하여 질병의 치료, 예방, 영양불량개선 및 방지함을 목적으로 한다.

영양사란 질병예방과 건강증진을 위해 급식관리 및 영양서비스를 수행하는 전문인을 말한다. 한국표준직업 분류에는 보건의료전문가 중 영양전문가로, 건강증진 및 질병치료를 목적으로 영양기법 및 활용에 관하여 연구.개발하고, 전문적인 영양서비스를 제공하며 이에 관해 조언하는 자로 임상영양사, 급식관리영양사, 보건영양사, 상담영양사, 기타영양사로 분류되어 있다.

임상영양사는 영양사의 업무 중 특히 병원, 보건소 등의 의료기관 또는 기타 영양상담업무를 하는 영양사로 환자의 영양검색, 식사섭취조사, 식사회진, 의무기록, 영양교육자료 개발, 영양지원과 식사요법을 위한 영양교육 및 상담을 담당한다.

2012년 3월26일 보건복지부가 '국민영양관리법' 을 공포하면서 임상영양사는 2012년 3월17일부터 영양사 세부 직능군 중 최초로 국가 공인자격을 갖게 되었다. 자격시험은 보건복지부에서 한국영양교육평가원에 위탁하여 실시한다.
국민영양관리법 시행규칙에 의한 임상영양사의 업무는 다음과 같다.

- 영양문제 수집.분석 및 영양요구량 산정 등의 영양판정
- 영양상담 및 교육
- 영양관리상태 점검을 위한 영양모니터링 및 평가
- 영양불량상태 개선을 위한 영양관리
- 임상영양 자문 및 연구
- 임상영양 자문 및 연구

2. 의학용어

의학용어는 라틴어.그리스어에서 유래하였다. 접두사, 접미사, 특수접미사로 구성된다. 접두사 a-, an-은 without, not, lack of의 의미이고 a/tonic, an/emia 등이 있다. ab-, de-는 away from의 의미이고 ab/normal, de/formity 등이 있다. 접미사 -genic은 causing, from of 등의 의미이고 neurogenic, -emia는 condition of a blood의 의미이고 hyperemia, anemia 등이 있다. 특수접미사로 -ectomy는 excision, removal, a cutting out의 의미이고 gastrectomy가 있고, -scopy는 visual examination의 의미이고 gastroscopy 등이 있다.

표 1-1은 병원에서 흔히 쓰이고 있는 임상용어이다. 표 1-2는 임상영양사가 알아 두면 편리한 병명이다. 표 1-3은 약어, 표 1-4는 임상영양 용어이다.

표 1-1 병원에서 자주 사용되는 임상용어

Anesthesia	마취	Injection / Shot	주사
Allergy	알레르기	Incubation period	잠복기간
Admission to a hospital	입원	Local anesthesia	국부마취
Antibiotics	항생물질	Magnetic resonance imaging(MRI)	자기공명영상법
Acute	급성	nothing by mouth(NPO)	금식
Blood type	혈액형	Operation / Surgery	수술
Blood pressure	혈압	Prevention	예방
Blood transfusion	수혈	Prescription(RX)	처방
Constitution	체질	Pulse	맥박
Complication	합병증	Pulse rate	맥박수
Computed tomography(CT)	컴퓨터 단층촬영	Reaction / Side effect	부작용
Chronic	만성	Respiration	호흡
Clinical(Medical) history	병력	Respiration rate	호흡수

Discharge from hospital	퇴원	Resection	절개
Dia/gnosis (Dx)	진단	Sterilization	소독
Examination	검사	three times a day	하루에 세번
Extirpation	체혈	Treatment	치료
General anesthesia	전신마취	Ultra/sonic	초음파
General Check-up	건강진단	Virus	바이러스
Immunity	면역	X-ray	엑스레이

표 1-2 주요 병명

간경화	Liver cirrhosis	백혈병	Leukemia	위암	Gastric cancer
간염	Hepatitis	빈혈	Anemia	위산과다	Hyperacidity
간장암	Liver cancer	식도정맥류	Esophageal varix	위염	Gastritis
감기	Cold	식중독	Food poisoning	위하수	Gastroptosis
감염	infection	산혈증	Acidosis	요도염	Urethritis
골다공증	Osteoporosis	신부전	Renal insufficiency	임신	Pregnancy
관절염	Arthritis	신우염	Pyelitis	임신중독증	Toxemia pregnancy
거식증	Anorexia	신우신염	Pyelonephritis	입덧	Morning sickness
거인증	Giantism	신염	Nephritis	저혈압	Hypotension
결석	Calculus/ Stone	신부전	Renal insufficiency	정맥류	Varix
고혈압	Hypertension	신장병	Renal disease	지방간	Fatty liver
골수염	Osteomyelitis	신장 세뇨관의 병	Nephrosis	파상풍	Tetanus
골절	Fracture	심근경색	Myocardial infarction	파킨스병	Parkinson's disease
꽃가루 알레르기	Hay fever	심부전	Heart failure	편도선염	Tonsillitis

기관지염	Bronchitis	심비대	Hypertrophy of the heart	폐암	Lung cancer
뇌졸중	Stroke	심장마비	Heart attack	폐결핵	Pulmonary tuberculosis
뇌종양	Brain tumor	심장병	Heart disease	폐염	Pneumonia
뇌출혈	Cerebral hemorrhage	십이지장궤양	Duodenal ulcer	피부염	Dermatitis
뇌혈전	Cerebral thrombosis	알콜중독	Alcoholism	탐식증	Bulimia
다발성 경화증	Multiple sclerosis (MS)	알칼리혈증	Alkalosis	통풍	Gout
담낭염	Cholecytitis	우울증	Depression	협심증	Stricture of the heart / Anginapectoris
담석	Cholelithiasis ,gallstone	여드름	Pimples / Zit	췌장염	Pancreatitis
당뇨병	Diabetes mellitus(DM)	요독증	Uremia	헤르니아 (탈장)	Hernia
말단거대증	Acromegaly	위경련	Gastrospasm	화상	Burns
바세도 병	Basedow's disease	위궤양	Gastric ulcer	황달	Jaundice

표 1-3 약어

약어	풀이	우리말
DRIS	Dietary Reference Intakes	영양섭취기준
EAR	Estimated Average Requirement	평균필요량
RNI	Recommended Nutrient Intake	권장섭취량
AI	Adequate Intake	충분섭취량
UL	Tolerable Upper intake level	상한섭취량
AMDR	Acceptable Macronutrient Distribution Ranges	에너지 적정비율

ICD-9-CM	International classification of disease, 9th, clinical modification	국제질병분류기준
NCP	Nutrition Care Process	영양관리과정
IDNT	International Dietetic & Nutrition Terminology	국제임상영양표준용어
POMR	Problem-Oriented Medical Record	문제 지향형
SOAP	Subjective, Objective, Assessment, Plan	주관적, 객관적, 판정, 계획
DM	Diabetes Mellitus	당뇨병
HTN	Hypertension	고혈압
MRI	Magnetic Resonance Imaging	자기공명영상
CVA	Cerebrovascular Accident	뇌혈관 사고
CKD	Chronic Kidney disease	만성 신질환
BMI	Body Mass Index	체질량 지수
TB	Tuberculosis	결핵
CT	Computed tomography	컴퓨터단층촬영
GI	Glycemic Index	혈당지수
Ccr	Creatinine Clearance	크레아티닌제거율
BUN	Biood Urea Nitrogen	혈중 요소질소
GFR	Glomerular Filteration Rate	사구체여과율
ACE	Angiotensin converting enzyme	안지오텐신전환효소
HbA1c	Glycosylated hemoglobin	당화혈색소
MCT-oil	Medium chain triacylglycerol	중간사슬지방
OGTT	Oral glucose tolerance test	경구 당부하검사

표 1-4 임상영양 용어

Clinical nutrition	임상영양학
Nutrition screening	영양검색
Nutritional risk factors	영양위험요소
Nutrition assessment	영양판정
Nutrition diagnosis	영양진단
Problem	문제
Etiology	원인
Symptom/sign	징후/증상
Nutrition intervention	영양중재
Monitoring/ evaluation	영양모니터링 및 평가
Cerebral infarction(CI)	뇌경색
Dizziness	어지러움
Vomiting	구토
Poor oral intake	구강 섭취곤란
Nutrition support	영양지원
Enteral nutrition	경장영양
Parenteral nutrition	정맥영양
Oral feeding	경구영양
Tube feeding	경관급식
Peripheral parenteral nutrition	말초정맥영양
Total parenteral nutrition(TPN)	중심정맥영양
Kwashiorkor	콰시오커(단백열량부족증)
Marasmus	마라스무스(소모증)
Severe protein-calorie malnutrition	심한 단백질-에너지 영양불량
Malnutrition of moderate degree	중등도의 영양불량
Malnutrition of mild degree	경도의 영양불량
Acute	급성
Chronic	만성

참고문헌

대한급식신문. http://www.fsnews co.kr
(사) 대한영양사협회. http://www.dietitian.or.kr
한국영양교육평가원. http://www.kidee 2011.or.kr

⌘제2장⌘

영양상담과 의무기록

제2장 영양상담과 의무기록

1. 한국인 영양섭취기준

우리가 음식물을 섭취하는 이유는 식욕의 본능 때문이다. 식욕의 본능에 의해 우리의 신체가 필요로 하는 영양소를 섭취하여, 개체의 생명을 유지하고, 종족의 보존을 도모할 수 있게 된다. 인체는 오랜 세월 동안 식량이 부족한 환경에 적응하면서 에너지를 충분히 섭취할 수 있을 때는 최대한 에너지를 잘 저장하여 에너지 섭취가 충분하지 못할 때를 대비하는 생리적 기전을 발전시켜 왔으나, 현대는 활동량 감소와 풍족한 식량사정으로 인하여 에너지 소비량보다 저장량이 많아 비만 인구가 급속히 늘어나고 있는 실정이다.

올바른 식사와 생활습관은 건강을 유지하는데 매우 중요하다. 음식의 종류, 식사 시간, 식사 속도, 섭취량, 조리방법 등 여러 가지 요소들이 우리의 식생활에 영향을 미친다. 그렇다면 필요한 영양소를 얼마만큼, 어떻게 섭취하여야 할 것인가? 이러한 문제를 다루는 것이 영양학이다. 영양학은 올바른 식생활을 통하여 인간의 건강과 복지증진에 기여함을 목적으로 한다. 이러한 목적으로 1941년 미국에서 처음으로 영양권장량을 제정하였으며, 우리나라에서도 『한국인 영양권장량』(Korean Recommended Dietary Index)이 1962년에 제정된 이래 2000년 까지 제7차 개정을 통해 건강한 식생활의 평가와 계획을 위한 기본 자료로 사용하여 왔다.

그러나 영양권장량은 필수 영양소의 결핍을 예방하고자 하는 매우 제한적인 목적을 가지고 제정되었으므로, 현대인의 영양문제인 에너지 과잉섭취, 동물성 지방의 섭취과다, 나트륨의 과잉섭취 등으로 인한 비만 등의 만성질병의 위험에 대한 해결책을 제시하여 주지 못하고 있다. 따라서 한국영양학회는 2002년 7월에 위원회를 구성하여 2005년 7월에 『한국인 영양권장량』 대신에 새로이 『한국인 영양섭취기준』(Korean Dietary Reference Intakes : KDRIs)을 제정하여 보건복지부의 추천을 받아 발간되었으며 2010년에 새롭게 개정되었다.

『한국인 영양섭취기준』이란 한국인의 건강을 최적상태로 유지할 수 있는 영양소 섭취 수준이다. 종전의 『영양권장량』에서는 각 영양소의 단일 값으로 제시되었다. 그러나 현대사회에서는 식생활과 질병 패턴의 변화로 인하여, 건강문제 중에서 영양결핍이 차지하는 비중은 줄어들고 있는 반면에 비만이나 만성질환의 위험률이 증가하고 있으며 영양보충제 및 건강보조식품의 사용증가로 영양소 과다섭취가 인체 건강에 미치는 영향이 높아지고 있다. 따라서 한국영양학회에서는 이러한 개념 까지도 고려하여 여러 수준으로의 영양섭취기준을 새로 제정하게 되었다. 새로운 영양섭취기준(DRIs)은 대상 집단을 구성하는 건강한 사람들의 절반에 해당하는 사람들의 일일 필요량을 충족시키는 값인 평균필요량(Estimated Average Requirements : EAR)과 평균필요량에 표준편차의 2배를 더한 값인 권장섭취량(Recommended Intake : RI), 영양소 필요량에 대한 정확한 자료가 부족하거나 필요량의 중앙값과 표준편차를 구하기 어려워 권장섭취량을 산출할 수 없을 경우에 사용하는 충분섭취량(Adequate Intake : AI), 그리고 인체 건강에 유해영향이 나타나지 않는 최대 영양소 섭취수준인 상한섭취량(Tolerable Upper Intake Level : UL)의 4가지로 구성되어 있다.

적용할 연령이나 성별의 구분은 생리적 성장발달단계를 고려하여 영아, 유아, 아동 및 청소년, 성인 및 노인으로 구분하였으며, 생리적 특성이 상이한 임신, 수유기는 별도로 구분하였다.

에너지 영양섭취기준은 모든 연령층에 평균필요량에 해당하는 에너지 필요추정량(Estimated Energy Requirements : EER)만 제시하였으며, 필요량 이상의 여분의 에너지는 체지방으로 축적되어 비만을 초래하고, 비만은 각종 질병의 직간접적인 원인이 되므로 권장섭취량과 상한섭취량은 설정하지 않았다. 에너지 필요추정량은 성인의 경우 에너지소비량(Total Energy Expenditure : TEE)으로 규정하였으며, 영아, 유아, 아동 및 청소년은 성장에 소요되는 에너지를 추가하여 산정하였다.

영양소 섭취기준에서 상한섭취량이 책정된 것은 지용성 비타민에서는 비타민 A, 비타민 D, 비타민 E, 수용성 비타민에서는 비타민 C, 니아신, 비타민 B_6, 엽산, 비타민 B_{12},이다. 다량무기질에서는 칼슘, 인, 마그네슘, 미량무기질에서는 철, 아연, 구리, 불소, 망간, 요오드, 셀레늄, 몰리브덴이다(표 2-1, 표 2-2).

표 2-1 한국인 영양섭취기준-에너지적정비율(%)

	1~2세	3~18세	19세 이상	비고
탄수화물	55~70	55~70	55~70	
단백질	7~20	7~20	7~20	
지방 총지방	20~35	15~30	15~25	
n-6계 지방산	4~8	4~8	4~8	
n-3계 지방산	1% 내외	1% 내외	1% 내외	
포화지방산			4.5~7	
트랜스지방산			1% 미만	
콜레스테롤			300mg/일 미만	목표섭취량

출처 : (사)한국영양학회. 한국인 영양섭취기준 개정판. p xxiv. 2010

표 2-2 한국인영양섭취기준(19-29세 성인)

영양소	남(173cm, 65.8kg)						여(160cm, 56.3kg)					
	필요추정량	평균필요량	권장섭취량	충분섭취량	상한섭취량	목표섭취량	필요추정량	평균필요량	권장섭취량	충분섭취량	상한섭취량	목표섭취량
에너지(kcal/일)	2,600						2,100					
단백질(g)		45	55					40	50			
식이섬유(g/일)				25						20		
수분(mℓ/일)				2600						2100		
비타민 A(μg/RE 일)		540	750		3000			460	650		3000	
비타민 D(μg/일)				5	60					5	60	
비타민 E (mga-TE/일)				12	540					10	540	
비타민 K(μg/일)				75						65		
비타민 C(mg/일)		75	100		2,000			75	100		2,000	
티아민(mg/일)		1.0	1.2					0.9	1.1			
리보플라빈(mg/일)		1.3	1.5					1.0	1.2			
니아신(mgNE/일)		12	16		35* (1,000)**			11	14		35* (1,000)**	
비타민 B_6(mg/일)		1.3	1.5		100			1.2	1.4		100	
엽산(μgDFE/일)		320	400		1,000			320	400		1,000	
비타민 B_{12}(μg/일)		2.0	2.4					2.0	2.4			

판토텐산(mg/일)				5						5		
비오틴(μg/일)				30						30		
칼슘(mg/일)		620	750		2,500			530	650		2,500	
인(mg/일)		580	700		3,500			580	700		3,500	
나트륨(g/일)				1.5		2.0				1.5		2.0
염소(g/일)				2.3						2.3		
칼륨(g/일)				3.5						3.5		
마그네슘(mg/일)		285	340		350			235	280		350	
철(mg/일)		7.7	10		45			10.8	14		45	
아연(mg/일)		8.1	10		35			7.0	8		35	
구리(μg/일)		600	800		10,000			600	800		10,000	
불소(mg/일)				3.5	10					3.0	10	
망간(mg/일)				4.0	11					3.5	11	
요오드(μg/일)		95	150		2,400			95	150		2,400	
셀레늄(μg/일)		45	55		400			45	55		400	
몰리브덴(μg/일)					600						600	

** 니코틴산(mg/일) **니코틴산아미드(mg/일)*

출처 : (사)한국영양학회. 한국인 영양섭취기준 개정판. p xxv~xxix. 2010

2. 임상검사

1) 임상검사의 목적

임상검사는 병원에서 환자의 진료과정에서 진단과 치료경과를 알아보기 위해 이용된다. 임상영양은 질병의 예방과 치료를 목표로 하므로 임상검사의 결과를 해석할 수 있어야 한다.

2) 영양상태 평가에 대한 검사

(1) 단백질 결핍

① 혈청 알부민

영양상태 판정 시 가장 많이 사용되며 반감기는 14일~20일, 정상치는 3.5~5.5 g/dL이다. 콰시오커는 대표적인 단백질 결핍증이며 혈청 알부민치가 감소되어 부종을 야기한다.

② 혈청 트랜스페린

체내에 저장량이 많지 않고 알부민에 비해 반감기(8~10일)가 짧아 초기 단백질 결핍을 알 수 있다. 정상치는 200~355 mg/dL이다.

③ 혈청 프리알부민

반감기가 2~3일이며 초기 영양상태 판정에 이용되고 정상치는 19~43 mg/dL이다.

④ 혈청 레티놀 결합단백질

반감기가 10~12시간 정도르 아주 민감하게 작용하며 정상치는 3~7 mg/dL이다.

⑤ 질소평형

24시간동안 섭취한 단백질 양과 같은 기간 내 소변 중으로 배설된 질소량을 조사한다. 음의 평형 시 단백질 결핍으로 판정한다.

(2) 면역력 결핍

① 총임파구수

정상 범위는 2,000~ 2,500 cell/mm^3이며 1,500 cell/mm^3 이하인 경우 영양불량이다.

감염이나 백혈병일 때는 증가하며 스트레스, 암, 영양불량 시 감소한다.

② 지연형 피부과민반응

세포면역성 면역 반응에 손상이 있는지 알아보고자 할 때 이용하며 테스트액을 투여 한 후 24시간, 48시간, 72시간 후의 피부 반응의 직경을 측정하여 5 mm 이상의 반응이면 정상이다.

(3) 철분결핍

① 혈색소

헤모글로빈 정상치는 남자 14~18 g/dL, 여자 12~16 g/dL이며

철결핍 판정 시 가장 많이 사용된다.

② 혈청 페리틴

저장되어 있는 철을 알아보는 민감한 지표이며 정상치는

남자 30~300μg/L, 여자 10~200μg/L이다 초기 빈혈 판정에 유효하다.

③ 적혈구 용적율

헤마토크릿의 정상치는 남자 42~52%, 여자 37~47%이며 빈혈이나

용혈이 있으면 감소한다.

표 2-3 임상에서 자주 사용되는 검사항목과 정상치

검사항목	정상치	검사항목	정상치
혈중단백질	6~8 g/dL	GPT(ALT)	<40 IU/dL
헤모글로빈 (Hg)	남: 14~18 g/dL 여: 12~16 g/dL	GOT(AST)	<40 IU/dL
헤마토크릿 (Hct)	남: 42~52% 여: 37~47%	알칼린포스파타아제 (ALP)	30~115 IU
페리틴	남: 30~300 μg/L 여: 10~200 μg/L	이산화탄소	24~31 mmol/dL
혈청알부민 (Ser Alb)	3.5~5.5 g/dL	칼슘	8.8~10.5 mg/dL
포도당	70~110 mg/dL	크리아티닌(Cr)	0.7~1.4 mg/dL
당화혈색소 (HbA1c)	6~7%	콜레스테롤	140~200 mg/dL
혈중요소질소 (BUN)	10~26 mg/dL	중성지방	40~150 mg/dL
사구체여과율 (GFR)	100~120 mL/min	HDL-콜레스테롤	남: 35~50 mg/dL 여: 45~65 mg/dL

3. 의무기록

의무기록 방법은 여러 가지가 있으나 대개 SOAP 형태로 작성한다. S(subjective data)는 주관적인 자료로 환자로부터 얻은 자료이다. O(objective data)는 객관적인 자료로 신체계측, 생화학 검사 결과, 식사섭취량 등의 자료이다. A(assessment)는 주관적(S), 객관적(O) 자료를 토대로 평가한 것으로 체중변화, 영양상태, 식습관의 장점 및 문제점에 대한 평가에 대해 기록한다. P(plan)는 계속적인 치료를 위한 계획, 조언, 영양관리 계획, 영양교육 및 상담 등에 대해 기록한다. 표 2-4는 기록의 예이며 표 2-5, 2-6, 2-7은 영양판정기록지의 예시이다.

표 2-4 SOAP 기록의 예

'12-09-06, 14:00
Problem : 신경성 식욕부진증(Anorexia)
S/ 환자에 의하면 " 음식에 불만은 없어요, 식욕이 없어서 먹을 수가 없어요. "
O/ Diet Rx - 일반식
Ht - 160 cm
Current wt - 40.9 kg
Admit wt - 44.5 kg
IBW - 54 kg
%IBW - 76%
현재 섭취량 - 600-800 kcal/day
A/ 환자는 현재 저체중(이상체중의 76%)이다.
2주전보다 8% 체중감소가 있었다.
음식에 대해서 무관심으로 입원 기간동안 불충분한 영양소 섭취가 지속됨.
P/ Pt Ed(환자교육) - 환자를 매일 방문하여 영양소 섭취의 중요성을 강조
Rx - 매일 종합비타민 권장
- 120 ml Ensure between meals
Dx -Anorexia의 원인에 대해 검사를 해보도록 권유(우울증 등)

영양사 ○ ○ ○

표 2-5 영양판정 기록지의 예

영양판정 기록지

201 년 월 일

환자 ID		주민등록번호		진료과/병실	
이름		성별	남 . 여	나이(만)	세

▣ 최근 식욕 상태 : ____________________

▣ 문제점 : □ 연하곤란 □ 구토 □ 메스꺼움 □ 치과적 문제 □ 갈증 □ 소화불량
□ 설사 □ 변비 □ 식품 알레르기 □ 기타(____________________)

▣ 흡연 : 유 / 무 (____세부터 시작, 하루에 ____갑) ▣ 음주 : 유 / 무 (음주량 : ____________)

▣ 운동 : 유 / 무 (종류 :____________________, 시간 :____________)

▣ 평소 식습관 :____________________

▣ 평소 좋아하셨던 음식 : ____________________ ▣ 드시지 않는 식품 : ____________________

▣ 건강보조식품 및 민간요법 :____________________

▣ 기타 질환이나 합병증 : □ 가족력( ) □ 스트레스 □ 비만 □ 고혈압
□ 고지혈증 □ 신장질환 □ 기타( )

▣ 혈압 : ____________/____________ mmHg

▣ 신장 :____________cm ▣ 체중 :____________kg ▣ BMI :____________kg/m2 ▣ 표준체중 :____________kg

▣ 체중 상태 : □ 마름 □ 정상 □ 과체중 □ 비만

▣ 체중 변화(최근 1달간) : □ 감소 □ 유지 □ 증가

▣ 자가 혈당 측정 : □ 매일 측정 □ 가끔 측정 □ 하지 않는다.

▣ 혈당 조절 방법 : □ 경구혈당 강하제 □ 인슐린 주사 □ 식사요법 □ 운동요법

▣ Lab data

검사항목	결과	참고치	검사항목	결과	참고치
TG		40~200	Na		136~146
Cholesterol		120~230	K		3.4~5.1
HDL Cholesterol		35~80	Cl		98~106
LDL Cholesterol		0-100	WBC		4~10
GOT		0~40	RBC		3.8~5.4
GPT		0~35	Hb		
r-GTP			HCT		34~48
Total protein		6~8.5	MCV		80~98
Albumin		3.5~5	MCH		26~33
T-bilirubin		0.2~1.2	MCHC		32~36
BUN		8~26	RDW		10.7-14.7
Cr		0.5~1.5	PLT		130~450
Glucose		70~110	Lymphocyte		20~49
CRP		0-0.5	Seg. Neutro		42-70

HUMANA hospital + 남산

표 2-6 영양판정 기록지의 예- 튜브피딩 환자용

영양상담 기록지

2012 년 월 일

환자 ID		주민등록번호		진료과/병실	
이름		성별	남 · 여	나이(만)	세

▣ 식사상황 : □ 경관 유동식 □ 미음 □ 죽 + 연하보조식 □ 죽

▣ 식사처방 : ________ kcal ▣ 아침:점심:저녁:간식 : ________________

▣ 현 식사 상태 : 섭취량 – 주식 □ 전부 □ 2/3 □ 1/2 □1/3 □ 0 간식

▣ 문제점 : □ 연하곤란 □ 구토 □ 메스꺼움 □ 치과적 문제 □ 갈증 □ 소화불량
□ 설사 □ 변비 □ 식품 알레르기 □ 기타(________________)

▣ 신체 기능
이상 없음 ________ , 종 류 : ________ 정상에 가깝게 움직임 ________
거동 가능 ________
거동 불가능 ________

▣ 신장 :______cm ▣ 체중 :_____kg ▣ BMI :_____kg/m2 ▣ 표준체중 :_______kg

▣ 체중 상태 : □ 마름 □ 정상 □ 과체중 □ 비만

▣ 체중 변화(최근 1달간) : □ 감소 □ 유지 □ 증가

▣ Lab data

검사항목	결과	참고치	검사항목	결과	참고치
TG		40~200	Na		136~146
Cholesterol		120~230	K		3.4~5.1
HDL Cholesterol		35~80	Cl		98~106
LDL Cholesterol		0-100	WBC		4~10
GOT		0~40	RBC		3.8~5.4
GPT		0~35	Hb		
γ-GTP		30~110	HCT		34~48
Total protein		6~8.5	MCV		80~98
Albumin		3.5~5	MCH		26~33
T-bilirubin		0.2~1.2	MCHC		32~36
BUN		8~26	RDW		10.7~14.7
Cr		0.5~1.5	PLT		130~450
Glucose		70~110	Seg Neutro		42-70
CRP		0-0.5	Lymphocyte		20~49

HUMANA hospital

표 2-7 영양판정 기록지의 예- 일반환자용

영양상담 기록지

2012 년 월 일

환자 ID		주민등록번호		진료과/병실	
이름		성별	남 . 여	나이(만)	세

▣ 식욕 : ☐ 불량 ☐ 보통 ☐ 양호 간식 ____________

▣ 문제점 : ☐ 연하곤란 ☐ 구토 ☐ 메스꺼움 ☐ 치과적 문제 ☐ 갈증 ☐ 소화불량

☐ 설사 ☐ 변비 ☐ 식품 알레르기 ☐ 기타(배변상태 ____________)

▣ 흡연 : 유 / 무 (____세부터 시작, 하루에 ____갑) ▣ 음주* : 유 / 무 (음주량 : ________)

▣ 운동 : 유 / 무 (종류 :____________________ , 시간 :________)

▣ 평소 식습관 :____________________

▣ 평소 좋아하셨던 음식 : ______________ ▣ 드시지 않는 식품 : ______________

▣ 건강보조식품 및 민간요법 :____________________

▣ 기타 질환이나 합병증 : ☐ 가족력( ) ☐ 스트레스 ☐ 비만 ☐ 고혈압

☐ 고지혈증 ☐ 신장질환 ☐ 기타( )

▣ 혈압 :____________mmHg

▣ 신장 :________cm ▣ 체중 :________kg ▣ BMI :________kg/m2 ▣ 표준체중 :________kg

▣ 체중 상태 : ☐ 마름 ☐ 정상 ☐ 과체중 ☐ 비만

▣ 체중 변화(최근 1달간) : ☐ 감소 ☐ 유지 ☐ 증가

▣ Lab data

검사항목	결과	참고치	검사항목	결과	참고치
TG		40~200	Na		136~146
Cholesterol		120~230	K		3.4~5.1
HDL Cholesterol		35~80	Cl		98~106
LDL Cholesterol		0-100	WBC		4~10
GOT		0~40	RBC		3.8~5.4
GPT		0~35	Hb		
r-GTP			HCT		34~48
Total protein		6~8.5	MCV		80~98
Albumin		3.5~5	MCH		26~33
T-bilirubin		0.2~1.2	MCHC		32~36
BUN		8~26	RDW		10.7-14.7
Cr		0.5~1.5	PLT		130~450
Glucose		70~110	Lymphocyte		20~49
CRP		0-0.5	Seg. Neutro		42-70

UMANA hospital

표 2-7 영양교육 상담료 사전점검표 및 환자동의서의 예

교육.상담료 사전점검표 및 환자동의서

환자성명(병록번호)		주민등록번호	-
교육.상담 일자	년 월 열	교육시간	총 분
집단/개별교육 구분	□집단	□개별	
주진단코드		기타진단코드	1. 2. 3.

1. 교육상담 대상환자/대상질환 (해당항목□에 √ 표기)

□당뇨병	□고혈압	□심장질환	□고지혈증
□재생 불량성 빈혈	□유전성 대사장애 질환	□난치성간질	□암
□장루수술	□만성신부전증	□치주질환	

2. 교육상담 전 점검사항 (해당항목□에 √ 표기)

2.1 의사 지시 유무 □있음 □없음

2.2 별도 교육 공간 □있음 □없음

3. 교육자 관련 점검사항 (해당항목□에 √ 표기)

3.1 필수 교육자 여부 및 성명

□의 사: □간 호 사: □영 양 사:

□치과의사: □치위생사:

3.2 교육자 자격기준

1) 간호사: 해당 분야 실무경력 3년이상 □해당 □해당되지 않음

2) 영양사: 영양사 실무경력 1년 이상 등(세부 자격기준 : 뒷면 고시기준 참조)

□해당 □해당되지 않음

3.3 상근교육자

1) 상근교육자 유무 □있음(성명:) □없음

2) 상근교육자 직종 □의 사 □간 호 사 □영 양 사

4. 교육프로그램 관련 점검사항 (해당항극□에 √ 표기)

4.1 사전 계획된 교육프로그램 여부 □해당 □해당되지 않음

4.1.1 교육자료 자문여부(요양기관 임상과 또는 관련학회 자문받은 자료)

□해당 □해당되지 않음

4.2 전과정 교육시간 30분 이상 □해당 □해당되지 않음

4.3 자가관리를 할 수 있는 포괄적인 내용 여부 □해당 □해당되지 않음

5. 환자동의서

본인은 상기질환에 비급여항목인 '교육.상담(고-1)'을 받는 것에 동의합니다.

20____년 __월 __일

성 명: ____________________(서명) 관계 ________

연락처: ____________________

⌘제3장⌘

병원식과 영양지원

제3장 병원식과 영양지원

1. 병원식

1) 병원식의 종류

병원식은 일반식과 특정질병에 대해 영양소를 가감하는 치료식 및 검사를 위한 검사식이 있다.

(1) 일반 병원식

① 일반식(밥식)

입원한 환자들에게 영양적으로 부족함이 없도록 제공되는 식사이다. 주식은 밥의 형태로 제공되며 짜지 않게 조리하고 지방이나 콜레스테롤이 너무 많은 음식은 줄인다. 영양사가 병실을 순회하며 환자의 상태나 기호를 파악하고 선택식을 제공하는 병원도 있다.

② 연식(죽식)

반고형식 형태로 주식을 제공하며 자극이 강한 향신료나 소화하기 힘든 결체조직 등은 쓰지 않는다. 유동식에서 상식으로 이행되는 과정에서 주로 사용되며 영양이 부족 되지 않게 환자의 상태에 따라 부드러운 야채나, 살코기 등을 이용하여 죽을 만들 수 있다.

③ 유동식

미음의 형태로 전유동식, 맑은 유동식, 찬유동식이 있다. 전유동식은 상온에서 액체나 반액체 상태인 것으로 저작이 곤란하거나, 연하 또는 소화하기 어려운 환자에게 제공된다. 맑은 유동식은 수분공급을 목적으로 수술 후 장 가스가 나오고

난 뒤 처음으로 줄 수 있는 음식이다. 유동식은 에너지 및 필수 영양소가 부족 되기 쉬우므로 1일 5내지 6회 급식하며 1주 이상 적용해야 할 때는 농후유동식을 제공한다. 찬유동식은 편도 절제술 이후에 제공되는 것으로 지혈의 효과가 있다. 순바닐라아이스크림도 좋다.

(2) 치료식

특정질병의 치료를 목적으로 특정 영양소를 증가하거나 감소하는 식사로 당질변경식, 단백질변경식, 지질변경식, 무기질변경식, 섬유소변경식, 열량조절식 등이 있다.

(3) 검사식

검사를 목적으로 한 식사로 5-HIAA(5-Hydroxyindoleacetic acid)검사식, 지방변 검사식, 레닌 검사식, 400mg 칼슘 검사식, OGTT(Oral glucose tolerance test) 등이 있다.

2. 영양지원

1) 경장영양지원

경장영양이란 위장기능이 정상일 때 위장관을 이용한 영양지원을 말하며 입으로 영양을 보충하는 것과 삼킬 수 없는 환자에게는 관(tube)을 이용하여 영양액을 공급하는 경관급식이 있다.

(1) 경관급식

튜브를 이용하여 위장관에 영양소를 공급하며 직접 조제하거나 시판되고 있는 조제용액을 사용한다. 그림 3-1과 3-2는 경관급식 시 사용되는 관과 상업용 조제용액이다. 만약 위장관의 기능이 비정상적이거나 호흡기 흡인의 위험이 있을 때는 경관급식을 할 수 없다.

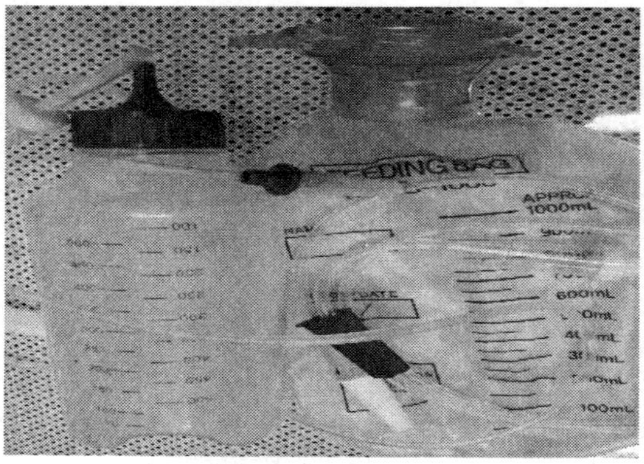

그림 3-1 경관급식용 튜브

그림 3-2 시판되고 있는 경관급식용 조제용액

(2) 주입경로

코에서 위장관으로 관을 삽입하는 비위관, 비십이지장관, 비공장관 이외에도 위나 공장에 바로 관을 삽입하는 위조루술, 공장조루술이 있다. 표 3-1는 주입경로에 따라 발생 가능한 합병증의 예이다

표 3-1 주입경로에 따라 발생 가능한 합병증의 예

주입경로	발생 가능한 합병증의 예
비위장관 및 비장관	비강 점각 궤양, 관의 막힘, 식도 천공, 기흉, 폐 삽관, 위장관 출혈, 비출혈, 중이염, 흡인 폐렴, 조롱박 오목 천공
모든 종류의 위조루술	흡인, 관의 이탈, 관의 변형, 출혈, 기복증, 상처 감염, 관의 막힘, 기공 누수
모든 종류의 공장루술 (jejunostomy)	낭성장기종, 출혈, 관의 이탈, 관의 변형, 장중첩, 장폐색, 관의 막힘, 기공 누수, 상처 감염

출처: (사)대한영양사협회. 임상영양지침서. p.123. 2010

(3) 주입방법

중력이나 펌프를 이용하여 24시간 동안 계속 주입하는 지속적 주입법, 중력을 이용하여 주입되고 4~6시간마다 30-40분에 걸쳐 300~400 mL씩 공급하는 간헐적 주입법, 정상적인 식사구성과 비슷한 것으로 3~4시간마다 주

사기를 이용하여 200~400 mL 10~15분간에 걸쳐 주입하는 볼루스 주입법과 밤에 8~20시간동안 펌프를 이용하여 빠른 속도로 주입하는 주기적 주입법이 있다.

주입 농도는 mL 당 1~1.5 ㎉, 장내 주입 시는 0.5~1 ㎉로 하고 속도는 분당 20 cc정도, 1일 6회 이상 제공한다. 표 3-2은 경관영양액의 주입 방법에 따른 적용대상 및 장점과 단점이다.

표 3-2 경관영양액의 주입방법에 따른 적용대상과 장단점

<table>
<tr><th>주입방법</th><th>적용</th><th>장점</th><th>단점</th></tr>
<tr><td>지속적 주입(주입 펌프나 중력 이용)</td><td>경관 급식 초기
중환자
소장으로의 주입
간헐적 주입에 부적응 시</td><td>흡인의 위험과 위 잔여물을 최소화함
혈당 상승과 같은 대사적 합병증의 위험을 최소화함</td><td>행동의 제약
20~24시간에 걸친 주입
퇴원 후 가정에서 사용 시 비용 증가</td></tr>
<tr><td>간헐적 주입(주입 펌프나 중력 이용)</td><td rowspan="3">중환자가 아닌 일반 환자
가정에서의 경관 급식
회복기 환자</td><td>주입시간 이외에는 자유로움</td><td rowspan="2">흡인과 위장관 부적응의 위험 증가
주입속도의 증가에 따른 위장관의 부적응초래 가능</td></tr>
<tr><td>볼루스 주입(주사기 이용)</td><td>주입이 용이함
저렴
단시간의 주입(15분 미만)</td></tr>
<tr><td>주기적 주입(주입 펌프나 중력 이용)</td><td>이동이 자유로움 (8~16시간 동안)
정상식이로의 전환에 유리함</td><td>짧은 시간(8~16시간)동안 주입하므로
주입속도나 칼로리 및 단백질 농도의 증가 필요
주입속도 증가에 따른 위장관의 부적응 초래 가능</td></tr>
</table>

출처: Gottschlich MG, Matares LE, Shronts EP(1993):Nutrition support dietetics core curriculum. 2nd ed. ASPEN, p.90

(사)대한영양사협회. 임상영양지침서. p.136. 2010

(3) 경관급식의 부작용

변비, 설사, 위식도 역류, 복부팽만감, 관의 막힘, 폐흡인 등이 있다. 부작용을 방지하기 위해 계속적인 모니터링이 요구된다.

2) 정맥영양

위나 장관이 정상적인 기능을 하기 못할 시 카테터(Catheter)를 이용하여 정맥에 영양을 공급하는 것이다.

(1) 말초정맥영양

영양지원의 기간이 2주 이내로 짧거나 영양공급의 필요성이 불확실한 경우 제한적으로 사용되며 손이나 팔의 말초혈관을 통해 영양을 공급한다.

(2) 중심정맥영양(Total parenteral nutrition, TPN)

상대정맥, 쇄골하정맥 등 대정맥으로 영양소를 공급하며 장기간 안전하게 환자의 영양소요량을 충족시킬 수 있다. TPN은 위장관으로 영양소 흡수가 불량한 환자, 화학요법(chemotherapy), 방사선 요법을 받는 환자와 골수 이식 환자, 중정도 혹은 극심한 췌장 질환자, 심한 이화상태에 있는 환자에 주로 사용한다. 카테터를 무균처리해야 하며 소독제가 들어 있는 연고 등을 도포하여 세균의 감염을 막는다.

패혈증, 부정맥, 혈전증 등의 합병증이 있을 수 있다. 정맥영양액의 종류는 다음과 같다.

① 2-in-1 정맥영양액

재래식 정맥영양용액 제조방법으로 덱스트로오스, 아미노산, 전해질, 무기질, 비타민 등을 혼합하고 지방유화액은 별도로 주입하는 용액이다. 라인이 2개 필요하므로 접촉감염의 위험이 높으나 공급할 수 있는 덱스트로오스와 아미노산량의 융통성이 있다.

② 3-in-1 정맥영양액(TNA)

덱스트로오스, 아미노산, 지방, 전해질, 무기질, 비타민 등 모든 영양소가 한 용기 내에 혼합되어 있다. 접촉감염의 위험이 낮고 조제시간도 짧다. 수용성용액에 지방유화액이 함께 존재하므로 지방이 다른 성분들로부터 분리될 가능성 때문에 안정성은 떨어진다.

경관유동식의 Q & A

Q. 경관급식(Tube feeding)은 언제 실시해야 하는가?

A. 위장관이 기능이 있고 구강으로의 섭취량이 환자의 요구량에 못 미칠 때 심한 영양불량으로 보조적인 영양보충이 필요할 때 실시한다.

Q. 경관급식이 정맥영양에 비해서 갖는 장점은?

A. * 위장관을 사용하므로 더 생리적이다.
* 면역적이다.
* 관리방법이 더 쉽다.
* 경관유동식이 정맥영양에 비해서 비용이 싸다.

Q. Tube Feeding을 시행하지 말아야 할 때는?

A. * 위장관이 정상이 아닌 경우, 흡수면적이 현저히 감소되어 있거나, 위장관이 막혀있는 경우, 심각한 출혈 시
* 각 질환의 말기 환자의 경우는 잇점보다는 합병증이 생길 위험이 높다.
* 심각한 설사가 있는 경우나 구토 등이 심할 때는 시행하지 않는 것이 좋다.

Q. Tube가 적절히 고정되었는지는 어떻게 확인할 수 있는가?

A. 복부 X-ray를 찍어서 알아낸다.

Q.. 흡인폐렴을 방지하기 위해서는 어떤 방법들이 사용될 수 있나?

A. * 지속주입이 볼루스나 간헐적 급식(intermittent feeding)보다 흡인폐렴의 위험이 낮다.
* 침대의 머리를 30도 이상 올리도록 권장한다.
* Gastric feeding(위 급식)보다는 십이지장이나 소장으로 급식하는 것이 흡인을 예방하는데 도움을 준다.
* 위 잔사를 4시간 마다 재어서 100cc 이상이면 멈추고 다시 급식을 시작한다.

Q. 지속적 주입법(Continuous Feeding)의 장단점을 열거하라.

A. * 적용 : TF를 처음 시작할 때
중환자, 소장으로 급식
볼루스나 간헐적 주입에 충분히 적응하지 못할 때

* 장점 : 펌프를 사용해서 편리하다.
위험을 최소화한다.
대사 이상의 위험 최소화

* 단점 : 움직일 수 없다.
하루 24시간 동안 급식한다.
기기, 공급으로 인한 home TF의 비용 증가

Q. 위 주입(Gastric feeding)보다 십이지장(Duodenal)이나 공장(Jejunal feeding)이 선호되어질 때는?

A. * 폐 흡인의 위험이 클 때
* 위 감염이나 위의 손상이 있을 때
* 식도역류
* 외상이나 외과적 수술로 인한 위 기능 부전 기간 동안에는 공장이 선호된다.

Q. 소장, 위장으로 TF 시에 적합한 주입 방법은?

A. * 소장 : 지속적 주입법이 좋은데, 불가능한 경우에는 간헐적 주입법을 이용할 수도 있다.
* 위장 : 초기에 관급식을 시작할 때는 지속적 주입법이 좋으나 지속적, 볼루스, 간헐적 방법이 모두 이용될 수 있다.

⌘제4장⌘
소화기질환

제4장 소화기질환

1. 소화기 질환의 병태생리

소화기계는 구강을 시작으로 인두, 식도, 위, 소장, 대장, 직장, 항문까지를 말한다. 소화기 질환은 저작, 소화, 흡수에 문제가 발생되며 식욕부진, 오심, 구토, 복부팽만감의 증세를 보인다.

2. 연하곤란

음식물을 식도를 통해 위로 이동시키는 연하과정에 장애가 생긴 것이다. 흡인의 위험이 있어 매우 위험하다. 노화, 뇌질환, 치매, 근무력증, 파킨슨병 등으로 나타난다.

하부식도괄약근압을 낮추어 역류를 일으킬 수 있는 식품	민트류, 초콜릿, 튀김류, 지방이 많이 들어간 음식, 알코올, 커피(디카페인 포함)
위산분비를 증가시킬 수 있는 식품	커피(디카페인 포함), 알코올, 후추
증상을 악화시키기 쉬운 식품들 (섭취 후 증상이 악화되면 제한)	음료류-콜라, 커피, 차, 코코아, 알코올 우유류-각종 우유, 요구르트 달걀류-기름 많이 들어간 프라이/스크램블드에그 곡 류-없음 어육류-고기튀김, 베이컨, 소시지, 햄 등 채소류-증상을 악화시키는 식품만 제한 지방류-일상적인 조리에 사용하는 정도는 가능 간식류-지방함량이 많은 케이크나 과자, 튀김류 양념류-후추

3. 위식도 역류질환

분문을 통해 위내로 들어갔던 음식물이 다시 식도로 올라와 위산에 의한 속쓰림 과 흉통, 연하곤란 등의 증상이 나타나는 것이다. 여러 가지 원인이 있으나 하부식도괄약근의 이상이 원인이다. 표 4-1은 위식도 역류질환의 증상을 악화시키는 식품들이다. 표 4-2는 위식도 역류질환의 위험요인이다.

표 4-1 위식도 역류질환의 증상을 악화시키는 식품

출처: (사)대한영양사협회. 임상영양지침서. p.286. 2010

표 4-2 위식도 역류질환의 위험요인

역류증상을 증가시키는 요인	**하부식도 괄약근압을 감소시키는 요인**
복수	알코올
위배출 지연	일부 약제(항콜린제, 칼슘채널차단제, 메페리딘, 다이아제팜, 테오필린)
과식	카페인
식후 누워있는 자세	초콜릿
비만	흡연
임신	고지방식
허리나 배를 압박하는 옷	양파
	박하류
	프로게스테론

출처 : Rolfes SR, et al(2006): Understanding normal and clinical nutrition. 7th ed. Wadworth. Table 23-3. p.721
(사)대한영양사협회. 임상영양지침서. p.283. 2010

4. 식도열공 헤르니아

횡격막이 약화되어 식도열공으로 위의 일부가 탈장되는 것이다. 역류성 식도염을 일으킨다.

5. 식도정맥류

식도에 있는 정맥이 부풀러져 있는 것이다. 대개 간경변증 환자의 문맥압 항진으로 생기는데 출혈이 동반되면 위험하다.

6. 위염

1) 급성위염

자극이 있는 음식을 급하게 먹거나 감염, 특정 식품에 대한 알레르기 반응, 철제나 아스피린과 같은 약제 복용 등으로 나타난다. 오심, 구토, 발열, 복통, 설사를 동반한다.

2) 만성위염

급성위염에서 이행된 경우, 헬리코박터 파일로리균(*helicobacter pylori*)이 원인이다.

(1) 무산성 위염

위산분비가 적어서 발생하므로 식욕을 돋우기 위해서 산이 있고 적당히 위를 자극하는 식사가 좋다. 주로 노년층에서 발생률이 높다.

위산분비부족은 철과 비타민 B_{12} 의 흡수를 방해한다.

(2) 과산성 위염

위산분비가 과다하여 위 점막을 자극하므로 발생한다.

위.십이지장궤양의 식사요법과 동일한 식사가 도움이 된다.

청장년기에 주로 발생한다.

7. 소화성궤양

위궤양은 유문부의 기능 이상, 헬리코박터 파일로리균에 의한 감염, 심한 스트레스, 식사성 요인, 약물복용, 위점막 방어기능의 결함 등의 원인으로 위점막이 손상되어 발생한다. 위의 소만부 쪽에 특히 많이 생기며 십이지장궤양보다 출혈이 자주 발생한다. 출혈이 있으면 금식하고 위산분비를 증가시키는 카페인, 알코올, 염분의 섭취를 줄인다. 면역력을 높이기는 것도 한 방법이며 영양소가 골고루 함유된 균형식을 규칙적으로 식사한다. 위궤양의 주요증상은 위가 비었을 때 생기는 기아통이며 위궤양은 식후 1시간, 십이지장궤양은 식후 2시간 후에 통증이 있다. 따라서 위가 비지 않도록 식사와 식사 사이에 과일과 채소를 이용한 간식을 제공한다.

표4-3는 소화성 궤양의 병원론적 요소에 대한 내용이다.

표 4-3 소화성 궤양의 병원론적 요소

위궤양	십이지장궤양
유문부 기능의 이상	위산분비능력의 증가
십이지장-위 역류	기저위산의 분비증가
위점막 방어기능의 결함	위벽세포의 양과 민감성의 증가
- 점막 혈류의 감소	식후 지속되는 분비 반응
- 점막 Prostagladin 생성감소와 그 결과 탄산염의 생성감소	위배출시간의 이상
H.pylori 감염에 의한 점액층의 감소	십이지장 점막 방어기능의 이상 중탄산염의 분비 감소

출처 : Mullbolland MW, et al(1987): Chronic duodenal and gastric ulcer. Surg Clin North Am 67:489
(사)대한영양사협회. 임상영양지침서. p.292. 2010

8. 위하수

위가 배꼽 아래로 처져 있어 항상 더부룩하고 소화가 잘 안 된다. 소화가 잘되는 음식으로 약간의 자극성 조미료를 사용하는 것이 좋다. 무산성 위염과 비슷한 식사가 증상을 완화한다.

9. 위암

위에 암이 발생한 것으로 소화 불량, 식욕부진, 체중감소가 나타난다. 헬리코박터 파일로리균 감염, 탄음식, 너무 짠 음식, 첨가물이 함유된 가공식품의 잦은 섭취 등이 원인이 된다. 종양제거술을 하는 경우는 수술 후 덤핑증후군이 생길 수 있다.

덤핑증후군은 위절제술로 위가 작아져 음식물이 충분히 소화되지 않은 채 급히 십이지장으로 내려와 여러 가지 증상을 유발한다. 식후 30분 이내에 발생하는 조기증후군은 복부팽만감, 탈력감 등을 동반하며 소장의 영양소 흡수가 빨라져 고혈이 되고 이를 위해 인슐린 분비가 많아진다. 후기증후군은 식후 1~3시간 후에 저혈당으로 인한 두통, 심계항진, 탈력감 등의 증상이 나타난다. 저당질식, 무자극식, 고유화지방, 고단백식사가 좋고 식사도중에 물을 마시지 않는다.

10. 설사

변이 형태를 잃고 액체 같이 묽게 자주 배출되는 것을 말한다. 수분과 전해질 손실이 되어 탈수증을 초래한다. 소화불량성 설사는 당질 소화불량으로 발효성 설사, 단백질 소화불량으로 부패성설사를 동반한다. 설사가 심할 때는 1~2일 절식하여 장의 휴식이 필요하다. 발효성 설사는 저당질식, 부패성 설사는 저단백질식을 하며 수분과 전해질을 충분히 공급한다. **지방흡수불량**일 때는 소량의 유화지방이나 중간사슬지방(Medium chain triacylglycerol, MCT-oil)을 이용한다. 지방변은 글루텐과민 장질환으로 비열대성 아구창 이므로 글루텐이 많이 함유되어 있는 밀, 보리, 호밀, 메밀, 오트밀, 귀리 등을 제한한다. 유당불내성으로 발생하는 설사는 유당을 분해하는 락타아제의 결손이므로 유당이 함유된 우유와 유제품을 제한하고 따뜻한 우유를 조금씩 천천히 섭취한다. 이때 나타나는 반응을 관찰하여 호전되면 조금씩 양을 늘린다. 그림 4-1은 유당불내성 환자를 위해 시판되고 있는 우유이다.

그림 4-1 유당불내성 환자를 위해 시판되고 있는 우유

11. 변비

설사와는 반대로 변이 딱딱하여 배변이 어려운 것을 말한다. 이완성 변비의 경우 청장년층에서는 무리한 다이어트, 자연적인 변의를 무시하여 계속하게 되면 변비를 초래한다. 노년층은 노화로 장의 연동운동이 감소되어 발생한다. 이완성변비는 장의 연동운동을 자극하는 유기산, 식이섬유소, 지방을 적절히 이용하고 아침 공복에 찬물 한 컵 마시는 것도 도움이 된다. 운동을 적절히 하고 좋은 배변 습관을 갖도록 한다. 경련성 변비는 지나친 긴장과 스트레스, 장기간의 항생제 사용, 장의 감염 등으로 발생하며 원인이 되는 것을 삼가고 이완성 변비와는 반대로 자극성 없는 식사를 하는 것이 좋다.

12. 염증성 장질환

궤양성대장염, 크론병(Crohn's disease)이 이에 속하며 계속되는 설사로 영양소의 흡수불량으로 인해 영양상태가 매우 불량해 질 수 있다. 심하면 영양지원을 고려한다. 표 4-4는 경구섭취가 가능한 환자의 염증성 장질환의 식사지침이다.

표 4-4 염증성 장질환의 식사지침(경구섭취가 가능한 경우)

저섬유식을 공급하여 대변량을 줄인다.
육류 중 결체조직이 많은 부위의 섭취를 제한한다.
고단백(1.5~2.5 g/kg)과 고칼로리(35~45 kal/kg)식으로 염증을 치료하고 영양상태를 개선한다.
1일 6회 이상의 식사로 장의 자극을 줄이면서 영양소 흡수를 최대한으로 한다.
수분을 충분히 섭취하여 설사로 인한 탈수를 막는다.
유당불내성이 있으면 우유나 유제품을 제한한다.
과일과 야채주스는 연동작용을 자극할 수 있으므로 제한한다.
지방변이 있으면 식사 내의 지방을 제한한다.
중쇄중간지방(MCT)과 상업용 영양보충음료를 이용하여 부족한 칼로리를 보충한다.
회복기에는 개인의 수응도에 따라 식품선택의 폭을 넓힌다.

출처 : (사)대한영양사협회. 임상영양지침서. p.298. 2010

13. 게실염

장의 일부가 밀려나와 주머니를 형성하여 염증을 일으킨 상태이다. 대부분 대장 내에 잘 생기며 섬유소가 적은 식사를 계속할 경우 잘 생긴다. 왼쪽 하복부 통증, 발열의 증상을 보이며 고섬유식사를 제공한다.

14. 대장암

통계청의 2011년 사망원인 통계결과에 의하면 한국인의 3대 사망원인이 암, 뇌혈관질환, 심장질환 순이다. 암으로 인한 사망순위는 폐암, 간암, 위암 순이나 여자는 폐암, 위암, 대장암으로 대장암이 3위에 속해있다. 대장암은 대장 내에 생긴 악성종양인데 S상 결장에 자주 발생한다. 원인은 유전적인 요인과 환경적인 요인이 있다. 환경적인 요인은 고칼로리식, 과다한 육류섭취 등이 있다. 그림 4-2은 대장암의 병변이다.

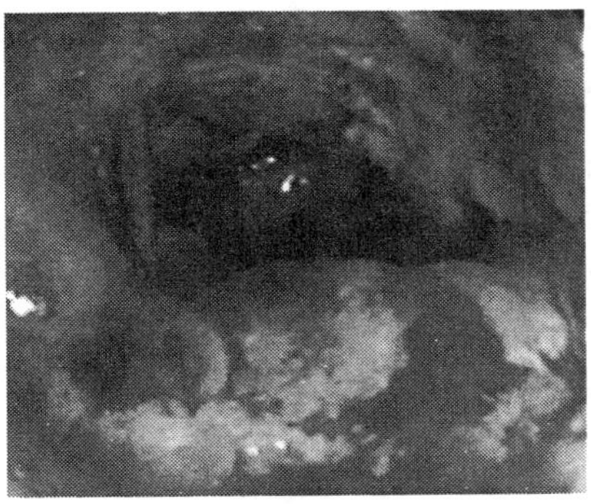

그림 4-2 대장암병변
출처 : 서울아산병원. http://healthinfo.amc.seoul.kr

참고문헌
서울아산병원. http://healthinfo.amc.seoul.kr
통계청. http://www.kostat.go.kr
보건복지부. http://www.mw.go.kr

⌘제5장⌘

간, 담낭, 췌장질환

제5장 간, 담낭, 췌장질환

1. 간의 기능

간은 장기 중 가장 큰 기관으로 영양소의 대사, 저장, 담즙생산 및 해독작용을 한다. 간질환은 대부분 간염에서 시작되어 간경변증, 간암으로 진행된다.

2. 급성간염

A형, B형, C형, D형, E형, G형 등이 있으며 바이러스에 의해 감염된다. 바이러스는 간에서 증식하면서 간세포를 죽이며 전신에 나타나는 피로권태감, 식욕감퇴, 메스꺼움, 구토, 황달을 동반한다. 현재 우리나라에서 가장 많은 것은 B형이며 그다음이 C형인데 모두 조기에 치료하지 않으면 만성으로 이행되어 간경변증, 간암으로 진행된다. A형, E형은 유행성 간염으로 음식물로 감염되고 급성으로 발생하고 치료를 잘 하면 만성으로 이행되지 않는다. B형, C형, D형, G형은 주로 혈액으로 감염되고 만성으로 이행되는 경우가 많다. 급성간염의 초기 황달이 심하면 지방을 제한하고 고칼로리식, 고단백식, 저염식, 무알코올식이 좋다.

3. 만성간염

만성간염은 자기면역질환, 급성간염에서의 이행, 알코올, 약물 등의 원인으로 발생한다. B형 간염은 30~40%, C형 간염은 60~70% 정도가 만성간염으로 이행한다. 증상은 식욕부진, 피로, 무력감이 있다. 간세포재생을 위해 양질의 단백질식이 요구되며 고칼로리식, 고비타민·무기질식과 수분섭취가 중요하다.

4. 지방간

간세포에는 변화가 없이 간 중량의 5%이상 지방이 증가된 경우이며 간의 1/3이상이 지방화 되어 있는 것이 보통이다. 평소 고지방식을 하는 사람, 알코올 섭취 만성화, 비만, 양질의 단백질 섭취 감소(콰시오커) 등이 원인이다. 상복부 통증, 전신권태감, 간종대 등의 증상이 나타난다. 건강한 사람의 경우 체내 항지방간 인자가 있으나 기아나 영양결핍의 경우 콜린, 메티오닌, 셀레늄, 베타인, 비타민 E 등이 부족하여 지방간을 유발한다. 절대 금주하고 고단백식을 제공하며 비만인 경우에는 적절한 운동을 하여 정상체중을 유지한다.

비알코올성 지방간(Non-alcoholic steatohepatitis, NASH)은 심한 음주를 하지 않는 사람이 스트레스, 영양결핍 등으로 지방간이 발생하는 것을 말한다.

5. 간경변증

간경변증은 간세포가 괴사되고 그 자리에 결체조직이 생겨 간이 딱딱하게 되는 것이며 문맥압이 항진된다. B형 간염은 약 15%, C형 간염은 약 80% 정도가 간경변증으로 진행되며 비알코올성 지방간, 담즙울체, 자가면역질환 등도 원인이다. 전신무력감, 구토 등의 일반적인 간질환의 증상을 보이다가 심하면 황달, 부종, 복수, 문맥고혈압, 식도정맥류, 간성혼수가 나타난다. 측쇄아미노산의 섭취를 증가하고 방향족아미노산의 섭취는 감소하는 것이 좋다. 부종과 복수가 있으면 저나트륨식을 제공한다.

6. 간성혼수

간질환 시 간에서 암모니아를 원활하게 처리하지 못하여 암모니아와 아민류가 혈중에 증가되어 생긴다. 간질환의 합병증으로 말기에 주로 나타난다. 단백질 제한하므로 체단백질 분해를 막기 위해 고칼로리식, 고비타민· 무기질식을 권장하며 부종과 복수가 있을 때는 저나트륨식을 제공한다.

7. 간암

B형 간염과 C형 간염으로 인해 간경변증이 발생한 경우 간암으로 진행이 되며 급성으로 생기는 간암도 있다. 초기 간암일 경우 간동맥 색전술을 통해 치료가 가능하고 심하면 이식수술도 한다.

8. 담낭염

담낭은 간 아래에 위치하며 간에서 만들어진 담즙을 저장, 농축하는 곳이다. 담즙은 지방을 유화하여 지방의 소화를 돕는다. 담낭염은 담낭에 세균 감염으로 염증을 일으킨 것으로 급성과 만성이 있다. 급성일 때 통증이 심하므로 1일 정도 금식하고, 상태가 호전되면 맑은 유동식을 시작으로 당질 위주의 저칼로리식, 저지방식, 고단백식, 고비타민·무기질식을 제공한다.

9. 담석증

담낭과 담관에 결석이 생긴 것으로 결석의 종류는 콜레스테롤결석, 빌리루빈결석이 있다. 비만한 사람에게 발생빈도가 높으며 담산통이라고 할 만큼 통증이 있다. 정상 체중을 유지하는 것이 바람직하며 담즙분비를 감소하는 저지방식을 기본으로 간보호와 면역력을 증가시키는 것이 바람직하다.

10. 췌장염

췌장은 내분비기능과 외분비기능을 가진다. 내분비기능은 랑게르한스 섬의 알파세포에서 글루카곤, 베타세포에서 인슐린, 감마세포에서 소마토스타틴이 분비되어 혈당을 조절한다. 외분비기능으로는 탄수화물, 단백질, 지방 소화효소가 분비된다. 췌장염 급성기는 통증이 심하므로 이때는 금식하는 것이 좋다. 상태가 호전되면 지방을 엄격히 제한하고 저단백식을 제공한다.

11. 췌장암

췌장암의 대부분이 외분비세포 내에 종양이 생기며 암을 발견하는 것이 쉽지 않다. 늦게 발견되므로 예후도 좋지 않다. 흡연, 고지방식, 만성 췌장염 등이 원인이다. 우리나라도 서구화된 식생활과 과도한 스트레스 등으로 최근 췌장암 환자가 증가되고 있다.

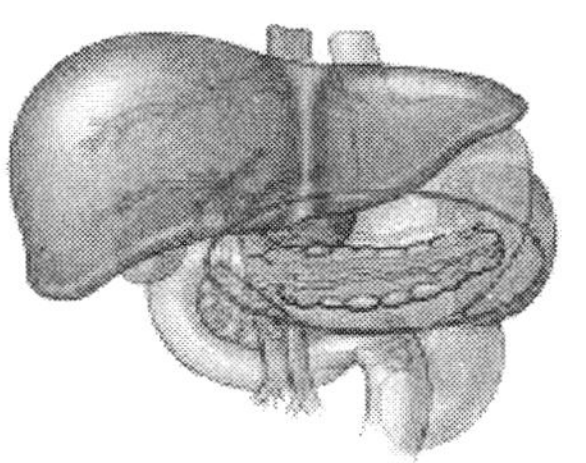

그림 5-1 췌장
출처 : 서울아산병원. http://healthinfo.amc.seoul.kr

⌘제6장⌘
심혈관계 질환

제6장 심혈관계 질환

1. 심장의 구조와 기능

심혈관계는 순환계라고도 하며 심장과 혈관, 뇌혈관이 여기에 속한다. 심혈관계는 산소, 영양소, 이산화탄소, 및 노폐물을 운반하며 좌심방, 우심방, 좌심실, 우심실을 갖고 있다. 순환에는 폐순환과 체순환이 있다. 심장의 주 기능은 혈액을 전신에 보내주는 펌프역할이다.

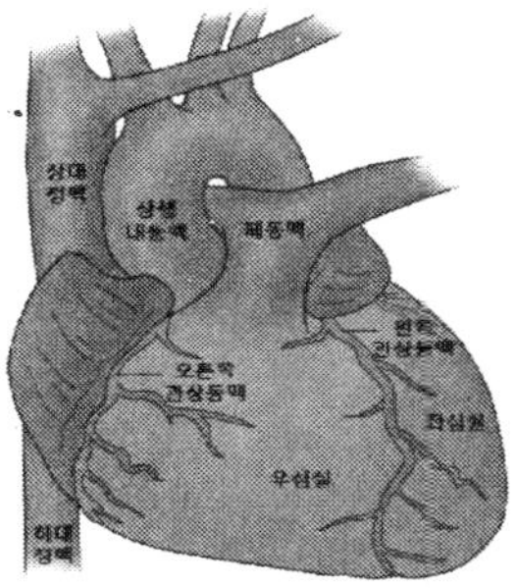

【관상 동맥】

그림 6-1 심장의 구조 와 관상동맥

출처 : 서울아산병원. http://healthinfo.amc.seoul.kr

2. 심장병의 종류

1) 허혈성 심장질환

관상동맥에 경화가 생기면 심장으로 혈액의 공급이 줄어들어 허혈성 심장질환이 된다. 이 때 산소공급량이 부족하게 되어 협심증이나 심근경색증이 생긴다.

협심증은 심근에 일시적인 산소부족으로 갑작스런 흉통을 느끼는데 심하면 심근이 괴사되어 심장마비를 일으킬 수 있으므로 위험하다. 흉통이 있으면 최대한 빨리 병원으로 가서 관상동맥 조영술, 심전도 검사, 운동부하검사, 심장초음파검사 등을 통하여 혈관확장제, 항응고제 등 약물요법이나 심하면 관상동맥 확장술, 관상동맥 우회로술 등의 시술을 받아야 한다. 임상영양관리는 평소의 식습관과 생활습관을 조사하고 사용하는 약제 등을 감안하여 식생활을 지도한다. 특히 아스피린을 사용할 때는 위염과 위궤양을 예방하도록 한다.

심근경색은 갑자기 발생하여 사망 할 수 있으므로 흉통이 있으면 가장 가까운 병원으로 가는 것이 우선이며 동맥경화증을 가진 환자에게 자주 나타난다. 영양관리 시 비만, 동맥경화, 고지혈증, 당뇨병을 우선으로 예방한다.

2) 울혈성 심장질환

심장이 충분한 펌프작용을 못하여 심박출량이 떨어져 정맥 쪽으로 혈액이 모이게 되어 울혈이 생기는 것이다. 나트륨섭취를 제한하고 이뇨제를 사용 할 경우에는 저칼륨혈증을 예방하기 위해 대용소금으로 염화칼륨(KCl)을 사용한다. 심장의 부담을 최소화하기 위해 식사량을 줄여 자주 섭취하는 것이 좋다. 수분의 섭취도 줄인다. 항상 체내 수분저류 상태를 모니터링 한다. 표 6-1은 심부전 발전단계에 따른 치료 권장안이다.

표 6-1 심부전 발전단계에 따른 치료 권장안

단계	특징	환자의 예	치료방법
A	구조적인 심장질환 또는 심부전 증상이 없으나, 심부전의 위험이 높음	고혈압, 관상동맥질환, 당뇨병 또는 cardiotoxin을 사용하거나 심근증의 가족력이 있는 경우	고혈압치료, 금연권장, 지질이상치료, 규칙적인 운동권장, 알코올 및 금지 약물 금지, 적절한 환자에게 ACE* 저해제 적용
B	심부전 증상은 없으나, 구조적인 심장질환	심근경색발병환자, 우심실기능부전, 비대칭성 판질환	단계A에서 시행한 모든 방법, 적절한 환자에게 ACE* 저해제 적용
C	앞서 심부전 증상이 있거나, 현재 증상이 있으면서 구조적인 심장질환	알려진 구조적인 심장질환, 짧은 호흡과 피로, 운동능력 감소	단계A에서 시행한 모든 방법, 정규적인 약물의 예(이뇨제, ACE* 저해제, 베타 차단제, digitalis), 저염식사

D	특별한 관리가 요구되는 무반응성 심부전	최선의 의학적 치료에도 불구하고 휴식 시에도 현저한 증상이 있는 환자(예: 재발하여 입원하였거나, 특별한 관리 없이 병원에서 안전하게 퇴원할 수 없는 환자)	단계A, B, C에서 시행한 모든 방법, 기계적 지원, 심장이식, 완화시키기 위한 지속적(간헐적이 아님) IV 이노트로피(inotropic)주입, 호스피스 관리

*ACE : 안지오텐신 전환효소(angiotensin converting enzyme)

출처 : Hunt SA, Baker DW, Chin MH, et (2001): ACC/AHA guidelines for the evaluation and management of chronic heart failure in the adult: executive summary, Circulation 104:2996

출처: (사)대한영양사협회. 임상영양관리지침서. p.203. 2010

3. 고혈압

혈압이란 동맥 혈관벽에 대한 혈액의 압력을 말한다. 심장이 수축할 때의 압력을 수축기혈압(최고혈압)과 이완할 때의 압력을 확장기혈압(최저혈압, 이완기혈압)이라고 한다. 대한고혈압학회의 혈압측정방법에 따른 고혈압기준은 표 6-2와 같다.

표 6-2 혈압측정방법에 따른 고혈압기준

	수축기혈압(mmHg)	확장기혈압(mmHg)
진료실혈압	≥140	≥90
24시간 활동혈압		
일일 평균혈압	≥125	≥80
주간 평균혈압	≥135	≥85
야간 평균혈압	≥120	≥75
자가혈압	≥135	≥85

출처 : 대한고혈압학회. http://www.koreanhypertension.org

고혈압은 원인이 명확하지 않은 일차성고혈압(본태성고혈압), 원인이 확실한 이차성 고혈압이 있다. 우리나라 사람들은 본태성고혈압이 대부분이며 두통, 이명, 어지러움 등의 증상이 나타난다. 표 6-3은 대한고혈압학회에서 만든 고혈압을 예방하는 7가지 수칙이다.

표 6-3 고혈압을 예방하는 7가지 수칙

1. 음식은 싱겁게 골고루 먹읍시다.
2. 살이 찌지 않도록 알맞은 체중을 유지합시다.
3. 매일 30분 이상 적절한 운동을 합시다.
4. 담배는 끊고 술은 삼갑시다.
5. 지방질을 줄이고 야채를 많이 섭취합시다.
6. 스트레스를 피하고 평온한 마음을 유지합시다.
7. 정기적으로 혈압을 측정하거나 의사의 진찰을 받읍시다.

출처 : 대한고혈압학회. http://www.koreanhypertension.org

고혈압의 영양관리는 우선 나트륨의 섭취를 제한하는 것이다. 표 6-4는 DASH(Dietary approaches to stop hypertension)요법의 식사구성이다. DASH 요법은 미국의 국가 심장, 폐, 혈액협회(National heart, lung and blood institute, NHLBL)에서 연구한 것을 기초로 혈압을 낮추기 위해 만들어진 식사요법이다.

표 6-5 는 고혈압 관리를 위한 생활습관 개선안이다.

식품군	1일 섭취횟수 (daily servings)	식품의 예 및 1회 섭취량	각 식품군의 중요성
곡류 및 그 제품[1)]	6~8	빵 1조각, 30g 씨리얼(건)[2)], 1/2컵 조리된 쌀과 파스타, 그리고 씨리얼	대부분의 열량과 섬유소 공급

채소류	4~5	1컵 잎채소(생), 1/2컵 채소, 1/2컵의 야채주스	풍부한 칼륨, 마그네슘, 섬유소 함유
과일류	4~5	1개 과일(중), 1/4컵 마른 과일, 1/2컵의 생과일, 냉동과일, 통조림과일, 1/2컵의 과일주스	중요한 칼륨, 마그네슘, 섬유소 급원
저지방 또는 무지방 유제품	2~3	1컵의 우유 및 요구르트, 45g의 치즈	칼슘과 단백질의 주요 급원
육류, 가금류 및 생선	6 또는 그 이하	30g의 조리된 육류, 가금류, 생선, 1개의 달걀[3]	풍부한 칼륨, 마그네슘 급원
건과류, 종실류 및 말린 콩류	4~5/주	1/3컵 또는 42g 견과류, 2큰술의 땅콩버터, 2큰술 또는 15g 종실류, 1/2컵 조리된 두류(건두류)	풍부한 에너지, 마그네슘, 칼륨, 단백질과 섬유소 급원
지방과 기름[4]	2~3	1작은술의 부드러운 마가린, 1작은술의 식용유, 1큰술의 마요네즈, 2큰술의 샐러드 드레싱	식품자체 및 식품에 추가됨으로써 열량의 27%가 지방으로 포함
당류	5 또는 그 이하/주	1큰술의 설탕, 1큰술의 젤리와 잼, 1/2컵의 샤베트와 젤라틴, 1컵의 레모네이드	지방이 낮은 제품이어야 함

표 6-4 DASH의 식사구성(2,000㎉/일 기준)

[1] 전곡류는 섬유소와 영양소의 좋은 급원으로 최대섭취량을 권장한다.

[2] 씨리얼 종류에 따라 섭취량은 1/2컵에서 1/4컵까지 다양하다.

[3] 달걀은 콜레스테롤의 함량이 높으므로 달걀노른자는 주 4개 이상 섭취를 제한하며, 흰자는 육류 30g과 동일한 단백질함량을 포함하는 것으로 간주한다.

[4] 지방함량은 기름과 지방의 양으로 환산한다. 예를 들어 일반적 샐러드 드레싱 1큰술은 1회 분량으로, 1큰술의 저지방 샐러드 드레싱은 1/2회 분량, 1큰술 무지방 샐러드 드레싱은 0회 분량으로 간주한다.

출처 : National Institutes of Health(NIH), National Heart, Lung, and Blood Institute(NHLBI): Your Guide to lowering Your Blood Pressure With DASH, U.S Department of Health and Human Services, Public Health Services, NIH Publication No 06-4082, Revised April 2006
출처: (사)대한영양사협회. 임상영양관리지침서. p.185. 2010

표 6-5 고혈압 관리를 위한 생활습관 개선안

개선안	권장사항	수축기 혈압감소(범위)
체중감량	정상체중의 유지(BMI 18.5~24.9 kg/m^2)	5~20 mmHg/10kg 체중감량
건강식사 (DASH*)	풍부한 과일과 채소, 저지방 유제품 섭취 및 총지방량과 포화지방 섭취 감소	8~14 mmHg
염분섭취 조절식	1일 염분 6g 이하 섭취(Sodium 2.4 또는 100 mmol 이하)	2~8 mmHg
육체적 활동	매일 30분 이상 규칙적인 유산소 운동	4~9 mmHg
절주	1일 2잔 이하 섭취/마른 남자나 여자는 1잔 이하(1잔 : 30 mL 알코올 mL, 맥주 720 mL, 와인 300 mL, 위스키 60 mL 등)	2~4 mmHg

* DASH : Dietary Approach to Stop Hypertension
출처 : National Institutes of health(2003): National Heart, Lung, and Blood Institute. The 7th. report of the Joint National Committee on Detection, Evaluation, and Treatment of High Blood Pressure. NIH publication. No 02-5233
출처: (사)대한영양사협회. 임상영양관리지침서. p.178. 2010

4. 저혈압

수축기혈압 100 mmHg이하 확장기혈압 60 mmHg이하인 상태를 말한다. 저혈압의 원인은 여러 가지가 있으나 개인에 따라 원인이 없고 무증상인 본태성저혈압, 앉았다 일어설 때 혈압이 내려가는 기립성저혈압 등이 있다. 증상은 어지러움, 창백, 호흡곤란 등이 나타난다.

5. 고지혈증

혈중에 중성지방이나 콜레스테롤이 적정치 이상 증가된 것으로 이상지질혈증이라고도 한다. 고지혈증은 동맥경화, 고혈압, 뇌졸중, 심장병의 위험을 증가시킨다. 표 6-6은 한국인 이상지질혈증 진단기준, 표 6-7은 LDL 콜레스테롤을 제외한 주요 위험인자이다. 고지혈증은 Ⅰ형, Ⅱa형, Ⅱb형, Ⅲ형, Ⅳ형, Ⅴ형으로 분류한다. 고지혈증 분류에 따른 지단백질 이상 유형과 혈액 중 증가하는 지질은 표 6-8에 나타난 있다.

표 6-6 한국인 이상지질혈증 진단기준

총콜레스테롤	(mg/dL)
높음	≥230
경계치	200~229
정상	<200
LDL 콜레스테롤	(mg/dL)
높음	≥150
경계치	130~149
정상	100~129
적정	<100
HDL 콜레스테롤	(mg/dL)
낮음	<40
높음	≥60
중성지방	(mg/dL)
높음	≥200
경계치	150~199
정상	<150

출처 : 한국지질·동맥경화학회. 이상지질혈증 치료지침. p.43. 2009

표 6-7 LDL 콜레스테롤을 제외한 주요 위험인자

흡연

고혈압

수축기혈압 140 mmHg 이상 또는 확장기혈압 90 mmHg 이상 또는 항고혈압제 복용

낮은 HDL 콜레스테롤(40 mmHg)

연령

남자 45세 이상

여자 55세 이상

관상동맥질환 조기 발병의 가족력

부모·형제자매 중 남자 55세미만, 여자 65세미만에서 관상동맥질환 발병한 경우

출처 : 한국지질・동맥경화학회. 이상지질혈증 치료지침. p.45. 2009

표 6-7 고지혈증의 표현형(Phenotype)에 따른 분류

분류	지단백질의 이상유형	혈액 지질
Type Ⅰ	↑↑chylomicron	↑↑↑중성지방, ↑콜레스테롤
Type Ⅱa	↑↑LDL	↑↑콜레스테롤
Type Ⅱb	↑↑LDL, ↑IDL, ↑↑VLDL	↑↑콜레스테롤, ↑↑중성지방
Type Ⅲ	↑IDL, ↑VLDL, ↑remnant	↑↑콜레스테롤, ↑↑중성지방
Type Ⅳ	↑VLDL	↑콜레스테롤, ↑↑중성지방
Type Ⅴ	↑↑chylomicron, ↑VLDL	↑↑중성지방, ↑콜레스테롤

출처: (사)대한영양사협회. 임상영양관리지침서. p.187. 2010

6. 동맥경화증

동맥에 중성지방, 콜레스테롤 등이 침착되어 혈관벽이 두꺼워져서 굳어진 것이다. 주로 굵은 혈관에 경화가 생긴 죽상경화와 중막에 경화가 생긴 중막경화, 장기와 연결된 세동맥에 경화가 생긴 세동맥경화가 있다. 동맥경화증 환자는 고혈압, 심장병, 고지혈증을 동시에 가지고 있는 경우가 많다. 영양관리는 혈중 콜레스테롤치는 낮추는 것이 우선이다. 이를 위해서는 총칼로리, 중성지방, 콜레스테롤 섭취를 줄이고 식이섬유소의 양을 증가시키며 표준체중을 유지하기 위해 적절한 운동을 한다.

⌘제7장⌘
비만

제7장 비만

1. 비만

비만은 세계보건기구(WHO)에서 고혈압, 당뇨병, 이상지혈증과 같은 질병에 걸릴 위험과 이로 인한 사망률을 증가시키는 질병으로 규정하고 있다. 표준체중의 20% 이상 초과, 체질량지수(body mass index, BMI)가 25 kg/m^2 이상 되고 제지방에 비해 체지방이 증가한 질병으로 성인병의 주원인이 된다. 우리나라 2010년 국민건강영양조사 결과에 의하면 30세 이상 성인의 경우 적정체중인 사람에 비해 비만인 사람에게서 고혈압, 당뇨병, 이상지혈증이 나타날 위험이 2배 이상 높게 나타났다고 한다(표 7-1). 그림 7-1에 나타난 바에 의하면 비만율이 19세 이상 성인의 경우 남자는 과거 10년 동안 증가추세를 보이고 여자는 다소 감소하는 경향을 보인다.

표 7-1 비만과 동반질환 발생위험(30세 이상), 2010

비고	고혈압		당뇨병		이상지혈증					
					고콜레스테롤혈증		저HDL콜레스테롤혈증		고중성지방혈증	
	%	OR	%	OR	%	OR	%	OR	%	OR
적정체중 (BMI<25kg/m^2)	23.3	1.0	7.8	1.0	10.5	1.0	20.7	1.0	12.2	1.0
비만 (BMI $\geq$ 25kg/m^2)	40.1	2.5	14.7	2.0	21.0	2.3	37.7	2.2	26.2	2.4

*OR(odds ratio, 오즈비):적정체중에 비해 비만일 때 동반질환 발생 위험 정도

출처 : 보건복지부. 2010년 국민건강영양조사 결과 발표자료. 2011

그림 7-1 성인 비만율(1998~2010)

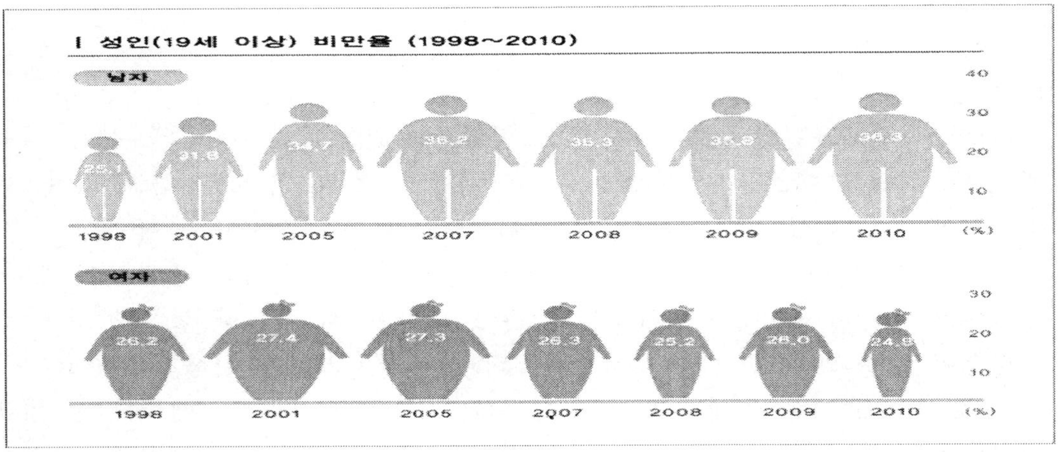

출처 : 보건복지부. 2010년 국민건강영양조사 결과 발표자료. 2011

비만의 원인은 유전적 요인과 환경적 요인으로 구분되며 유전적요인은 부모가 비만일 경우 비만으로 될 확률이 매우 높으며 갈색지방세포(brown adipose tissue, BAT), 랩틴(leptin) 등의 영향을 받는다. 환경적인 요인은 섭취에너지가 소비에너지보다 많으면 여분의 에너지가 지방으로 전환되어 지방조직에 저장된다. 이 때 지방조직은 백색지방세포(white adipose tissue, WAT)이다. 잦은 음주, 운동부족 등이 요인이 된다.

비만의 판정으로 가장 많이 이용되는 것은 체질량지수이다.

표 7-2는 체질량지수를 활용한 비만의 판정기준이다.

$$체질량지수 = 체중(kg)/신장(m)^2$$

표 7-2 비만의 판정기준

	세계보건기구	대한비만학회
저체중	$<$ 18.5 kg/m^2	$<$ 18.5 kg/m^2
정상체중	18.5~24.9 kg/m^2	18.5~22.9 kg/m^2
과체중	25.0~29.9 kg/m^2	23.0~24.9 kg/m^2
비만	$\geq$ 30.0 kg/m^2	$\geq$ 25.0 kg/m^2

그 외 허리-엉덩이둘레비, 피부두겹집기, 전기저항법에 의한 체지방량 측정, CT에 의한 내장지방과 피하지방을 측정한다.

내장 지방형 비만은 내장지방량/피하지방량이 0.4 이상, 피하지방형 비만은 0.4 이하이다. 지방조직의 형태에 다라 세포증식형 비만, 세포비대형 비만으로 구분한다. 지방세포증식형은 소아에 주로 많으며 성인비만으로의 진행이 쉽고 치료가 힘들다. 지방세포비대형은 성인기에 주로 나타난 비만으로 식사조절, 운동 등으로 비교적 치료가 쉽다. 또 지방조직의 분포형태에 따라서는 상체형(사과형)과 하체형(서양배형)비만으로 구분한다.

비만의 임상영양관리는 비만으로 인한 합병증을 방지하고 바람직한 수준으로 체지방이 감소되도록 하는 것이다. 평소 섭취하고 있는 식사의 에너지를 계산해 보고 본인의 에너지 추정량에 비해 많으면 줄여야 한다. 저에너지식은 1일 500~1,000 kcal 씩 감소하는 것이다. 심한 비만이 아닌 경우에는 1일 500 kcal 씩 감소하여 1주일에 0.5 kg 정도로 체중이 감소하는 것이 바람직하다. 행동수정요법으로는 식사일기 작성, 규칙적으로 식사시간 지키기 및 식사에 집중하기, 야식 금지, 규칙적인 운동 실천 등이 있다. 본인의 의지가 중요하다. 요요현상이 생기지 않도록 주의한다. 항상 실현 가능한 목표를 설정해 두고 식사요법, 운동, 잘못된 행동을 수정하여 습관화 하는 것이 좋다. 극심한 비만인 경우에는 식욕억제제나 대사항진제 등의 약물을 사용하거나 수술요법을 시행하기도 한다.

2. 저체중

저체중은 표준체중의 10% 이하, 체질량지수가 18.5 kg/m^{2}이하인 경우를 말하며 체단백질의 감소가 더 큰 문제를 야기할 수 있다.

원인은 절대적인 식사량의 부족, 소화흡수 장애, 질병으로 인한 대사 항진, 지속적인 스트레스 등이 있다. 임상영양관리는 저체중의 원인을 확인하고 섭취에너지를 증가시킨다. 1일 500 kcal 씩 증가하는 것이 바람직하며 이때 양을 늘리는 것 보다는 에너지를 농축적인 형태로 섭취하는 것이 좋다. 예를 들면 토스트에 버터를 듬뿍 바르고 잼을 사용한다던지, 일반 밥보다는 볶음밥 등으로 에너지를 증가한다.

3. 섭식장애

1) 신경성 식욕부진증

거식증이라고도 하며 건강을 유지하는 정상체중을 거부하고 날씬한 몸매에 대한 지나친 동경으로 식사를 기피한다. 주로 사춘기 여성에서 발병하며 기초대사율이 감소하고, 면역력이 떨어져 목숨을 잃을 수도 있다. 무월경증을 동반한다.

표 7-3은 미국 정신의학회에서 제시한 신경성 식욕부진증의 진단기준이다. 표 7-4는 신경성 식욕부진증 및 신경성 대식증 시 흔히 나타나는 영양과 관련된 임상증후에 대한 것이다. 신경성 식욕부진증의 임상영양관리는 체중이 표준체중의 25%이하 로 감소 할 때는 입원하여 전문적인 치료가 필요하다. 식사를 거부하는 신경성 식욕부진증 환자는 정신적인 문제를 동반하므로 정신과의 심리치료를 병행하는 것이 효과가 있다. 경우에 따라서는 경관급식이나, 정맥영양이 요구된다.

표 7-3 미국 정신의학회에서 제시한 신경성 식욕부진증의 진단기준

자신의 연령과 신장을 기준으로 최소한의 정상체중이나 그 이상을 유지하기를 거부함. (예 : 적정체중의 85% 미만으로의 체중감소, 성장기 동안 적절한 체중 증가가 이루어지지 않아 체중이 적정체중의 85% 이하인 경우)
저체중임에도 불구하고 체중 및 체지방이 증가되는 것에 대한 극도의 두려움을 가짐.
체중이나 체형에 대해 잘못된 인식을 갖고 있고 현재 자신의 저체중 상태에 대한 심각성을 부정함.
폐경 전 여성에서 무월경, 즉 연속해서 3회 이상 월경이 없음.
***유형설명**
제한형 : 신경성 식욕부진증이 있는 동안에 폭식이나 제거행위를 하지 않는 유형
폭식형/제거형 : 신경성 식욕부진증이 있는 동안에 정기적으로 폭식이나 제거행위를 하는 유형(구토, 완화제, 이뇨제 및 관장제의 남용)

출처 : (사)대한영양사협회. 임상영양지침서. p.479. 2010

표 7-4 신경성 식욕부진증 및 신경성 대식증 시 흔히 나타나는 영양과 관련된 임상증후

임상증후	신경성 식욕부진증	신경성 대식증
전해질 이상	식사 재공급으로 인한 저칼륨혈증, 저마그네슘혈증, 저인산증	저염소성 알칼리증과 동반된 저칼륨혈증, 저마그네슘혈증
심혈관계	저혈압, 불규칙하고 느린 맥박, 동서맥	부정맥, 심계항진, 허약
위장계	복통, 고창, 변비, 위배출지연, 포만감, 구토	변비, 위배출지연, 조기포만감, 식도염, 위장운동장애, 고창, 위식도역류, 위장관 출혈
내분비계	추위에 민감, 이뇨, 피로, 저혈당, 고콜레스테롤혈증, 불규칙한 월경	불규칙한 월경, 부종
영양결핍	단백질-에너지 영양불량, 미량영양소 결핍	다양함
골격 및 치아	운동시 뼈의 통증, 골감소증, 골다공증	충치, 치아의 에나멜층 침식
근육계	근육소모, 허약	허약
체중상태	저체중	다양
인지상태	집중력 저하	집중력 저하
성장상태	성장 및 성숙 장애	일반적인 영향을 받지 않음

출처 : American Dietetic Association(2006): Position of the American Dietetic Association: nutrition intervention in the treatment of anorexia nervosa, bulimia nervosa, and other eating disorders. J Am Diet Assoc 106(12):2076

출처 : (사)대한영양사협회. 임상영양지침서. p.481. 2010

2) 신경성 대식증

폭식증이라고도 하며 날씬한 몸매를 유지하기 위해 식사를 제한하다가 먹고 싶은 음식을 참지 못하고 마구먹기를 한 다음 설사제를 쓰거나 의도적으로 토해 내는 행위를 반복하는 것이다. 섭식장애는 본인이 저체중임에도 불구하고 비만하다라고 자신의 체형에 대해 왜곡된 생각에 사로 잡혀 음식을 거부하거나 자제력을 상실한 것이다. 표 7-5는 미국 정신의학회에서 2000년 제시한 신경성대식증의 진단기준이다. 신경성 대식증은 신경성 식욕부진증보다 임상영양관리는 1일 3식을 충분하게 하고 구토를 하지 않도록 관찰하며 본인의 현재체중에 대한 수용을 할 수 있도록 격려가 요구된다.

표 7-5 신경성 대식증의 진단기준

폭식이 반복적으로 나타나는 경우:폭식의 특징은 다음과 같다.

-일정한 시간 내(예:언제든 2시간 이내) 대부분의 사람들이 비슷한 시간이나 상황에서 먹을 수 있는 양보다 훨씬 많은 양의 음식을 먹음.

-폭식을 하는 동안에는 먹는 것을 통제할 수 있는 능력이 없음(예:먹기를 멈추거나 무엇을 얼마나 먹을지 조절하지 못한다는 것을 느낌).

체중증가를 방지하기 위해 구토, 완화제나 이뇨제의 남용, 관장, 단식, 과다한 운동 등의 부적절한 보상행위를 반복함.

3개월에 1주, 1주에 2회 이상 마구먹기와 부적절한 보상행동을 모두 보임.

체형이나 체중 때문에 자신을 부정적으로 평가함.

신경성 식욕부진증이 있는 동안에는 문제가 일어나지 않음.

*유형설명

-제거형: 신경성 대식증이 있는 기간 동안 구토, 완화제, 이뇨제 및 관장약을 남용하는 행위를 반복함

-비제거형: 신경성 대식증이 있는 기간 동안 절식, 과다항 운동 등과 같은 보상행위는 하지만 구토 및 완화제, 이뇨제 및 관장제를 남용하는 행위는 하지 않음

출처 : (사)대한영양사협회. 임상영양지침서. p.485. 2010

⌘제8장⌘

당뇨병

제8장 당뇨병

1. 당뇨병의 원인과 병리

1) 원인과 증상

당뇨병은 소변 중에 당이 배설되어 붙여진 이름이다. 원인은 아직 명확하게 밝혀진 것은 없지만 유전, 자기면역질환, 비만, 운동부족, 스트레스, 호르몬 분비 이상, 감염 등이 있다. 증상은 다음, 다뇨, 다식의 3다 증상이 있다.

그림 8-1 당뇨병의 증상

출처 : 서울아산병원. http://healthinfo.amc.seoul.kr

2) 병리

당뇨병은 인슐린의 작용과 분비의 절대적 또는 상대적 부족으로 고혈당이 되고 당질, 단백질, 지질의 대사장애를 유발한다. 인슐린은 췌장의 랑게르한스섬의 β세포에서 분비되는 호르몬으로 혈당이 높을 때 혈중의 당을 세포내로 보내어 당대사를 유도한다. 그러나 인슐린이 부족하게 되면 혈당이 높아져 신장 역치(170~180 mg/dL)를 초과하게 되어 소변으로 당이 배설된다. 또는 인슐린의 분비는 충분해도 세포내 인슐린 수용체 부족으로 인슐린이 작용하지 못하여 고혈당을 유발하기도 한다.

2. 당뇨병의 분류

1) 제 1형 당뇨병

인슐린의 절대적인 부족으로 발생하는 인슐린 의존형 당뇨병이다. 주로 30~40세 전에 발현률이 높으나 성인에서도 발생한다.

2) 제 2형 당뇨병

우리나라 사람들의 대부분은 2형 당뇨병으로 비인슐린 의존형이며 40세 이후에 주로 발생하고 인슐린 저항성, 가족력이 있다. 환자의 50%이상이 비만이거나 과체중인 경우가 많다.

3) 임신성 당뇨병

임신 중에 처음으로 진단된 당뇨병으로 임산부의 2~5% 정도이며 출산 후 40~60%는 당뇨병으로 이행된다(대한내과학회. http://www.kaim.or.kr).

3. 진단을 위한 검사

1) 혈당과 경구 당부하 검사

8시간 이상 금식 후 공복 혈장포도당 농도가 126 mg/dL 이상, 경구당부하검사에서 2시간 혈장포도당 농도가 200 mg/dL 이상, 무작위 혈청 포도당 농도가 200 mg/dL 이상이면서 고혈당에 의한 증상(다뇨, 다음, 체중감소 등) 있을 때 당뇨병으로 진단한다(대한내과학회. http://www.kaim.or.kr).

2) 당화혈색소(Glycosylated hemoglobin, HbA1c)

고혈당으로 혈중 포도당이 혈색소와 결합한 것이 당화혈색소이며 혈색소의 수명이 120일 정도 되므로 당화혈색소 검사를 통해 최근 1~3개월 정도의 혈당조절능력을 알 수 있다. 6.5% 미만이 정상이다. 최근 6.5% 이상이면 당뇨병으로 진단한다(대한당뇨병학회. 당뇨병 진료지침 2011).

3) C-펩타이드

프로인슐린이 인슐린으로 될 때 인슐린과 C- 펩타이드가 1:1 분리되므로 인슐린의 양을 알 수 있다.

4) 요당

신장역치 이상으로 혈당이 상승하면 소변 중에 당이 배설된다.

4. 합병증

1) 급성 합병증

당뇨병성 케톤산증은 제 1형 당뇨병, 고삼투압성 고혈당 증후군은 제 2형 당뇨병에서 볼 수 있으나 임상에서는 두가지 구분이 확실하지는 않다. 표 8-1은 당뇨병성 케톤산증과 고삼투압성 고혈당 증후군의 유발인자들이다.

표 8-1 당뇨병성 케톤산증과 고삼투압성 고혈당 증후군의 유발인자들

흔한 유발 인자들

- 감염 : 폐렴, 요로감염, 패혈증, 위장관염
- 부적절한 인슐린치료 : 순응도 좋지 않은 경우, 인슐린 펌프 장애 등
- 심근 허혈 및 심근경색 : 당뇨병환자에서는 무증상인 경우가 흔함

그외 다른 유발인자들

- 뇌졸중, 뇌출혈, 급성 폐색전증, 장 혹은 장간막 혈전증
- 장폐색, 급성 췌장염, 알코올 중독, 심한 화상
- 고체온, 저체온, 비경구적영양
- 내분비 질환 : 쿠싱증후군, 갑상선기능항진증, 말단비대증
- 임신
- 약물 : 심혈관계(베타차단제, 칼슘통로차단제, 이뇨제 등)
  글루코코르티코이드를 포함한 면역 억제제
  기타

출처 : 대한내과학회. 내과전공의를 위한 진료지침. http://www.kaim.or.kr

2) 만성 합병증

심혈관계 질환, 망막증, 신경조직손상으로 인한 당뇨발, 신장병, 대사증후군 등이 있다.

5. 치료

1) 혈당강하제

혈당강하제는 경구로 투여되며 제 2형 당뇨병환자에 적용된다. 가장 많이 사용되는 인슐린 분비촉진제인 설폰요소제, 비만한 환자나 설폰요소제로

혈당조절이 안되면 비구아니드제를 사용한다. 그 외 α-글루코시다제 억제제, 글리니드, 글리타존 등이 있다(보건복지부지정 2형 당뇨병 임상연구센터. 당뇨병 치료의 교육치침. p. 62-62.2008).

2) 인슐린 요법

인슐린은 종류에 따라 작용시간이 다르다. 인슐린의 작용시간에 따라 초속효형, 속효형, 중간형, 지속형, 장시간지속형 등이 있다. 국내에서 사용되고 있는 인슐린의 종류와 인슐린별 특성에 대하여는 표 8-2에 나타나 있다. 인슐린 주사 시 저혈당증, 고혈당증에 대한 대처방법에 대해서도 교육한다.

표 8-2 국내에서 유통 중인 인슐린의 종류와 인슐린별 특성

인슐린 종류(상품명)	작용시작	최고작용	작용시간
식사 시 인슐린			
속효형인슐린 유사체(투명)			
인슐린아스파르트	10-15분	1-1.5시간	3-5시간
인슐린리스프로	10-15분	1-2시간	3.5-4.75시간
인슐린글루리진	10-15분	1-1.5시간	3-5시간
속효형 인슐린(투명)			
휴물린 R	30분	2-3시간	6.5시간
기저 인슐린			
중간형인슐린(혼탁)			
휴물린 N	1-3시간	5-8시간	18시간까지
장시간형 기저인슐린 유사체(투명)			
인슐린 디터미어	90분	없음	16-24시간
인슐린 글라르진			24시간
혼합형 인슐린	바이알 또는 펜형 인슐린 안에 고정비율의 인슐린이 섞여 있는 형태 (속효형 인슐린 또는 속효형 인슐린 유사체와 중간형 인슐린)		
혼합형 속효형 인슐린-NPH(혼탁)			
휴물린 30/70			
이노렛 30/70			
혼합형 인슐린 유사체(혼탁)			
노보믹스 30, 50			
휴마로그 믹스 25, 50			

출처 : 대한당뇨병학회. 당뇨병진료지침. p.77. 2011

3) 식사요법과 운동요법

식사요법은 영양관리에서 다루고 적절한 에너지 유지를 위해 규칙적인 운동요법이 필요하다. 이는 혈당조절, 합병증과 인슐린 민감성을 개선하는데 도움이 된다. 인슐린 주사를 맞고 있는 제 1형 당뇨병인 경우에는 운동 후 저혈당을 방지하기 위해 간식이 필요하다. 표 8-3은 저혈당 증상, 표 8-4는 저혈당 정도에 따른 분류에 대한 것이다. 단순당질 15~20 g에 해당하는 음식의 예는 표 8-4에 나타나 있다.

표 8-3 저혈당의 증상

자율신경항진 증상	신경당결핍 증상
빈맥, 식은땀, 불안감, 배고픔, 오심, 손떨림, 얼굴이 창백해지는 증상	집중이 안 됨, 의식혼미, 기력약화, 어지러움, 시력 변화, 말하기 힘듬, 두통

출처 : 대한당뇨병학회. 당뇨병진료지침. p.94. 2011

표 8-4 저혈당의 정도에 따른 분류

경증	자율신경항진 증상이 있으며 스스로 대처할 수 있는 상태
중등증	자율신경항진 증상과 신경당결핍 증상이 있으면서 수수로 대처할 수 있는 상태
중증	다른 사람의 도움이 필요한 상태로 의식이 없어질 수도 있는 상태 대개 혈장 혈당 포도당 농도는 < 50 mg/dL

출처 : 대한당뇨병학회. 당뇨병진료지침. p.94. 2011

표 8-5 단순 당질 15~20 g에 해당하는 음식의 예

설탕 한 숟가락(15g)
꿀 한 숟가락(15ml = 한 큰술)
주스 또는 청량음료 3/4컵(175ml)
요구르트 한 개(65ml)
사탕 3~4개

출처 : 대한당뇨병학회. 당뇨병진료지침. p.94. 2011

4) 자기관리를 위한 교육

당뇨병은 자가 증상이 미미하고 심각한 합병증을 유발 할 수 있으므로 자기관리가 중요하다. 이를 위해서는 정기적인 교육이 필요하다.

6. 영양관리

당뇨병의 영양관리는 발병에서부터 평생 지속적으로 이루어져야 한다. 특히 환자 스스로 식사관리, 운동요법, 인슐린주사, 투약 등을 해야 하므로 환자 개개인의 상태에 맞추어 개인별 영양관리가 필요하다. 표 8-6는 대한당뇨병학회에서 제시한 당뇨병의 단계별 식사관리이다. 표 8-7은 지속적·심층교육내용, 표 8-8은 식품교환표에 관한 내용이다.

표 8-6 당뇨병의 단계별 식사관리

당뇨병의 식사관리 I
1. 식사요법을 처음 받는 환자나 이해도가 낮은 환자를 대상으로 하며 식사의 올바른 이해 및 식습관의 교정에 교육의 목표를 둔다. 2. 세부적인 내용은 설문지를 통하여 민간요법 등 잘못된 식사요법 지식을 교정한 후 올바른 식사습관과 생활습관을 갖도록 교육한다. 3. 규칙적인 식사습관, 운동습관을 강조하고 피해야 할 식품을 제시한다. 4. 1일 식사량은 환자의 평소 식사섭취량에 준하여 설명하되 구체적이기보다는 대략적인 양을 제시한다. 5. 당뇨식사는 특정한 식사라기보다는 건강식임을 강조한다. 6. 인슐린을 사용하는 경우에는 저혈당 간식 요령에 대하여 교육한다.

당뇨병의 식사관리 Ⅱ
1. 1단계의 식사요법을 받은 환자나 연령 및 지식정도가 중정도로 판단되는 환자을 대상으로 한다. 2. 2단계의 식사요법은 혈당에 가장 많은 영향을 미치는 당질 식품을 조절하여 혈당조절을 가능하도록 하는데 그 목적이 있다. 따라서 영양소와 혈당과의 관계를 설명하고 당질이 포함된 곡류, 과일, 우유의 양을 조절하도록 교육한다. 가능하다면 식품의 선택을 다양하게 하기 위하여 바꾸어 먹는 방법을 소개한다. 어육류군과 채소군, 지방군은 구체적으로 제시하지 않는다.
당뇨병의 식사관리 Ⅲ
1. 2단계의 식사요법 교육을 받은 환자나 연령 및 지식정도로 보아 이해도가 높다고 판단되는 환자를 대상으로 한다. 2. 식품교환표를 이용하여 균형식사를 계획하면서 식품의 선택을 다양하게 할수 있는 능력을 키우도록 한다. 3. 필요열량 산정법과 1일 섭취 칼로리에 따른 1회 섭취량의 배분법 그리고 6가지 식품군 및 교환방법 등 식사요법 전반에 대하여 교육한다.

출처 : (사)대한영양사협회. 임상영양관리지침서. p.231. 2010

표 8-7 지속적.심층교육내용

출처 : 대한당뇨병학회 교육위원회(2006): 당뇨병 교육지침서 개정판. 중앙문화사. p.178 (사)대한영양사협회. 임상영양관리지침서. p.232. 2010

표 8-8 1교환 단위의 식품군별 영양소 기준

관리기술 (목표달성을 위해 필요한 정보)	생활양식의 개선(문제해결기술)

당질, 단백질, 지방의 식품급원
영양표시에서 영양정보를 사용하는 방법
다음의 상황에서 식사계획과 인슐린조정
    아플 때
    식사시간의 지연 및 변화
    음주
    당 함유식품 추가섭취
    운동
    여행
    과격한 운동경기
    휴일
저혈당의 처치(치료) 및 방지(예방)
단기간 아플 때의 영양관리
문제해결과 혈당변화파악을 위한 혈당측정법
행동변화전략
교대근무
	집 밖에서의 식사
	학교식당에서의 점심식사
	점심도시락
	특별한 경우, 생일, 휴일
	식료품구입
	새로운 간식
	조리법 변경, 메뉴 아이디어, 요리책
	지방섭취의 감소 및 변화
	소금섭취 감소
	채식주의자의 식품선택
	전통음식
	편의음식
	지방대체용품과 설탕대체품을 식사 계획에 포함시키는 방법
	캔과 냉동식품

식품교환표

식품군		열량(㎉)	당질(g)	단백질(g)	지방(g)
곡류군		100	23	2	-
어육류군	저지방	50	-	8	2
	중지방	75	-	8	5
	고지방	100	-	8	8
채소군		20	3	2	-
지방군		45	-	-	5
우유군	일반우유	125	10	6	7
	저지방우유	80	10	6	2
과일군		50	12	-	-

1. 곡류군 (열량 100 kcal, 당질 23 g, 단백질 2 g)

종류별	식품명	무게(g)	목측량
밥류	쌀 밥	70	1/3공기(소)
	보리밥	70	
	현미밥	70	
죽류	쌀 죽	140	2/3공기(소)
알곡류 및 가루제품	기장	30	
	녹두	70	
	녹말가루	30	5큰술
	미숫가루	30	1/4컵(소)
	밀가루	30	5큰술
	백미	30	3큰술(=1/5쌀컵)
	보리(쌀보리)	30	3큰술
	완두콩	70	1/2컵(소)
	율무	30	3큰술
	차수수	30	3큰술
	차조	30	3큰술
	찹쌀	30	3큰술
	팥(붉은 것)	30	3큰술
	현미	30	3큰술

국수류	냉면(건조)	30	1/2공기(소)
	당면	30	
	마른국수	30	
	메밀국수(건조)	30	
	메밀국수(생것)	40	
	삶은 국수	90	
	스파게티(건조)	30	
	스파게티(삶은 것)	90	
	쌀국수(건조)	30	
	쌀국수(조리된 것)	90	
	우동(생면)	70	
	쫄면(건조)	30	
	칼국수류(건조)	30	

종류별	식품명	무게(g)	목측량
감자류 및 전분류	감자	140	중1개
	고구마	70	중1/2개
	돼지감자	140	
	찰옥수수(생것)	70	1/2개
	토란	140	
떡류	가래떡	50	썰은 것 11~12개
	백설기	50	
	송편(깨)	50	
	시루떡	50	
	인절미	50	3개
	절편	50	1개(5.5x5x1.5cm)
	증편	50	
빵류	식빵	35	1쪽(11x10x1.5cm)
	모닝빵	35	중1개
	바게트빵	35	중2쪽
묵류	도토리묵	200	1/2모(6x7x4.5cm)
	녹두묵	200	
	메밀묵	200	
기타	강냉이(옥수수)	30	1.5공기(소)
	누룽지(건조)	30	지름 11.5cm
	마	100	
	밤	60	대3개

	오트밀	30	
	은행	60	1/3컵(소)
	콘플레이크	30	3/4컵(소)
	크래커	20	5개

2. 어육류군

(1)저지방 (열량 50 kcal, 단백질 8 g, 지방 2 g)

종류별	식품명	무게(g)	목측량
고기류	닭고기 (껍질, 기름 제거한 살코기)	40	소 1토막(탁구공크기)
	닭부산물 (모래주머니)	40	
	돼지고기 (기름기 전혀 없는 살코기)	40	로스용 1장 (12x10.3cm)
	소 간 ✔	40	
	쇠고기 (사태, 홍두깨 등)	40	로스용 1장 (12x10.3cm)
	오리고기	40	
	육포	15	1장 (9x6cm)
	칠면조	40	
생선류	가자미	50	소1토막
	광어	50	
	대구	50	
	동태	50	
	미꾸라지(생것)	50	
	병어	50	
	복어	50	
	아귀	50	
	연어	50	
	옥돔(반건조)	50	
	적어	50	

	조기	50	
	참도미	50	
	참치	50	
	코다리	50	
	한치	50	
	홍어	50	
건어물류 및 가공품	건오징어채 ✔	15	
	게맛살	50	$1\frac{2}{3}$개
	굴비	15	1/2토막
	멸치	15	잔 것 1/4컵(소)
	뱅어포	15	1장
	북어	15	1/2토막
	어묵(찐 것)	50	1/3개(5.5cm)
	쥐치포	15	1/2개(1.2 x 7cm)

종류별	식품명	무게(g)	목측량
젓갈류	명란젓 ✔	40	
	어리굴젓	40	
	창란젓 ✔	40	
기타 해산물	개불	70	
	굴	70	1/3컵(소)
	꼬막조개	70	
	꽃게	70	소1마리
	낙지	100	1/2컵(소)
	날치알	50	
	대하(생것)	50	
	멍게	70	1/3컵(소)
	문어 ✔	70	1/3컵(소)
	물오징어 ✔	50	몸통 1/3등분
	미더덕	100	3/4컵(소)
	새우(깐새우) ✔	50	1/4컵(소)
	새우(중하) ✔	50	3마리
	전복 ✔	70	소 2개
	조갯살	70	1/3컵(소)
	해삼	200	$1\frac{1}{3}$컵(소)
	홍합	70	1/3컵(소)

✔ : 콜레스테롤이 많은 식품

(2)중지방

(열량 75kcal, 단백질 8g, 지방 5g)

종류별	식품명	무게(g)	목측량
고기류	돼지고기(안심)	40	
	샐러드햄	40	
	소곱창 ✔	40	
	쇠고기(등심,안심)	40	로스용 1장 (12 x 10.3cm)
	쇠고기(양지)	40	
	햄(로스)	40	2장 (8 x 6 x 0.8cm)
생선류	갈치	50	소 1토막
	고등어	50	소 1토막
	과메기(꽁치)	50	
	꽁치	50	소 1토막
	도루묵	50	
	메로	50	
	민어	50	소 1토막
	삼치	50	소 1토막
	임연수어	50	소 1토막
	장어 ✔	50	소 1토막
	전갱이	50	소 1토막
	준치	50	소 1토막
	청어	50	소 1토막
	훈제연어	50	
가공품	어묵(튀긴 것)	50	1장 (15.5 x 10cm)
알류	달걀 ✔	55	중 1개
	메추리알 ✔	40	5개
콩류 및 가공품	검정콩	20	2큰술
	낫또	40	작은 포장단위 1개
	대두(노란콩)	20	
	두부	80	1/5모 (420g 포장두부)
	순두부	200	1/2봉 (지금 5 x 10cm)
	연두부	150	1/2개
	콩비지	150	1/2봉, 2/3공기(소)

(3)고지방

(열량 100 kcal, 단백질 8 g, 지방 8 g)

종류별	식품명	무게(g)	목측량
고기류 및 가공품	개고기	40	
	닭고기(껍질포함) ✪	40	닭다리 1개
	돼지갈비	40	
	돼지족, 돼지머리 ✪	40	
	런천미트 ✪	40	5.5 X 4 X 1.8cm
	베이컨	40	1¼장
	비엔나소시지 ✪	40	5개
	삼겹살 ✪	40	
	소갈비 ✪	40	소 1토막
	소꼬리 ✪	40	
	프랑크소시지 ✪	40	1⅓개
생선류 및 가공품	고등어통조림	50	1/3컵(소)
	꽁치통조림	50	1/3컵(소)
	뱀장어 ✔	50	소 1토막
	유부	30	5장 (초밥용)
	참치통조림	50	1/3컵(소)
	치즈	30	1.5장

✪ 포화지방산이 많은 식품, ✔ : 콜레스테롤이 많은 식품

3. 채소군

(열량 20 kcal, 당질 3 g, 단백질 2 g)

종류별	식품명	무게(g)	목측량
채소류	가지	70	지름 3cm X 길이 10cm
	고구마줄기	70	익혀서1/3컵
	고비	70	
	고사리(삶은 것)	70	1/3컵
	고춧잎 ✛	70	
	곰취	70	
	근대	70	익혀서 1/3컵
	깻잎	40	20장

	냉이	70	
	늙은 호박(생것)	70	4X4X6cm
	늙은 호박, 호박고지	7	
	단무지	70	
	단호박 ✣	40	1/10개 (지름 10cm)

종류별	식품명	무게(g)	목측량
채소류	당근 ✣	70	4X5cm 또는 대1/3개
	대파	40	
	더덕	40	
	도라지 ✣	40	
	돌나물	70	
	두릅	70	
	돌미나리	70	
	마늘	7	
	마늘쫑	40	3개 (6.5~7cm)
	머위	70	
	무	70	지름 8cmX길이 1.5cm
	무말랭이	7	불려서 1/3컵
	무청(삶은 것)	70	
	미나리	70	익혀서 1/3컵
	배추	70	알배기배추 15X6cm. 중 3잎
	부추	70	익혀서 1/3컵
	붉은 양배추	70	1/5개 (9X4X6cm)
	브로콜리	70	
	상추	70	소 12장
	샐러리	70	길이 6cmX6개
	숙주	70	익혀서 1/3컵
	시금치	70	익혀서 1/3컵
	쑥 ✣	40	
	쑥갓	70	익혀서 1/3컵
	아욱	70	잎 넓이 20cm 5장 (익혀서 1/3컵)
	애호박	70	지름 6.5cmX두께2.5cm,

			중 1/3개
	양배추	70	
	양상추	70	
	양파	70	
	연근 ✣	40	썰은 것 5쪽
	열무	70	
	오이	70	중 1/3개
	우엉 ✣	40	
	원추리	70	
	자운영(싹)	70	
	죽순(통조림)	70	
	참나물	70	
	청경채	70	
	취나물(건조)	7	
	치커리	70	

채소류	케일	70	잎 넓이 30cm 1½장
	콜리플라워, 꽃양배추	70	
	콩나물	70	익혀서 2/5컵
	파프리카(녹색)	70	대 1개
	파프리카(적색)	70	
	파프리카(주황색)	70	
	풋고추	70	중 7~8개
	풋마늘 ✣	70	
	피망	70	중 2개
해조류	곤약	70	
	김	2	1장
	매생이 ✣	20	
	미역(생것)	70	
	우뭇가사리, 우무	70	
	톳(생것)	70	
	파래(생것)	70	
버섯류	느타리버섯(생것)	50	7개 (8cm)
	만가닥버섯(건조)	50	
	송이버섯(생것)	50	소 2개

	양송이버섯(생것)	50	3개 (지름 4.5cm)
	팽이버섯(생것)	50	
	표고버섯(건조)	7	
	표고버섯(생것)	50	대 3개
김치류	갓김치	50	
	깍두기	50	사방 1.5cm 크기 10개
	나박김치	70	
	동치미	70	
	배추김치	50	6~7개 (4.5cm)
	총각김치	50	2개
채소 주스	당근주스	50	1/4컵(소)

✢ : 당질을 6g 이상 함유하고 있으므로 섭취 시 주의하여야 할 채소

4. 지방군

(열량 45 kcal, 지방 5 g)

종류별	식품명	무게(g)	목측량
견과류	검정깨(건조)	8	
	참깨(건조)	8	1큰스푼
	땅콩 ✻	8	8개 (1큰스푼)
	아몬드 ✻	8	7개
	잣	8	50알(1큰스푼)
	캐슈넛(조미한 것) ✻	8	
	피스타치오 ✻	8	10개
	해바라기씨	8	1큰스푼
	호두	8	중 1.5개
	호박씨(건조, 조미)	8	
	흰깨(건조, 볶은 것)	8	
고체성 기름	땅콩버터	8	
	마가린	5	1작은스푼
	버터	5	1작은스푼
	쇼트닝	5	1작은스푼
드레싱	마요네즈, 라이트	5	1작은스푼

	마요네즈		
	사우전드, 이탈리안 드레싱	10	2작은스푼
	프렌치 드레싱	10	2작은스푼
식물성 기름	들기름	5	1작은스푼
	미강유	5	1작은스푼
	옥수수기름	5	1작은스푼
	올리브유 ＊	5	
	홍화씨기름 ＊	5	1작은스푼
	참기름	5	1작은스푼
	카놀라유 ＊	5	1작은스푼
	콩기름	5	1작은스푼
	포도씨유	5	
	해바라기유	5	

✪ : 포화지방산이 많은 식품, ＊ : 단일불포화지방산이 많은 식품

5. 우유군

(1)일반우유 (열량 125 kcal, 당질 10 g, 단백질 6 g, 지방 7 g)

종류별	식품명	무게(g)	목측량
우유	두유(무가당)	200	1컵(1팩)
	락토우유	200	1컵(1팩)
	일반우유	200	1컵(1팩)
	전지분유	25	5큰스푼
	조제분유	25	5큰스푼

(2)저지방우유 (열량 80 kcal, 당질 10 g, 단백질 6 g, 지방 2 g)

종류별	식품명	무게(g)	목측량
우유	저지방우유 (2%)	200	1컵(1팩)

6. 과일군 (열량 50 kcal, 당질 12 g)

종류별	식품명	무게(g)	목측량
감	단감	50	중 1/3개
	연시, 홍시	80	소 1개, 대 1/2개
	곶감	15	소 1/2개
감귤류	귤	120	
	금귤	60	7개
	오렌지	100	대 1/2개
	유자	100	
	자몽	150	중 1/2개
	한라봉	100	
	귤(통조림)	70	
대추	대추(생것)	50	
	대추(건조)	15	5개
두리안	두리안	40	
딸기	딸기	150	중7개
	산딸기	150	
리치	리치	70	
망고	망고	70	
매실	매실	150	
무화과	무화과(생것)	80	
	무화과(건조)	15	
멜론	멜론(머스크)	120	

종류별	식품명	무게(g)	목측량
바나나	바나나(생것)	50	중 1/2개
	바나나(건조)	10	
배	배	110	대1/4개
복숭아	복숭아(백도)	150	소 1개
	복숭아(천도)	150	소 2개
	복숭아(황도)	150	중 1/2개
	복숭아,황도(통조림)	60	반절 1쪽
블루베리	블루베리	80	
	블루베리(통조림)	50	
사과	사과(후지)	80	중 1/3개

살구	살구	150	
석류	석류	80	
수박	수박	150	중 1쪽
앵두	앵두	150	
올리브	올리브(생것)	60	
	올리브(건조)	15	
자두	자두	150	특대 1개
참외	참외	150	중 1/2개
체리	체리	80	
키위	키위	80	중 1개
토마토	방울토마토	300	
	토마토	350	소 2개
파인애플	파인애플	200	
	파인애플(통조림)	70	
파파야	파파야	200	
포도	청포도	80	
	포도	80	소 19알
	포도(거봉)	80	11개
	포도(건조)	15	
후르츠칵테일	후르츠칵테일(통조림)	60	
주스	배주스	80	
	사과주스	100	1/2컵(소)
	오렌지주스(무가당)	100	
	토마토주스	100	
	파인애플주스	100	
	포도주스	80	

출처 : (사)대한영양사협회. 식사계획을 위한 식품교환표. 2010

⌘제9장⌘
신장질환

제9장 신장질환

1. 신장의 구조와 기능

1) 신장의 구조

신장은 콩팥이라고 하며 복막 뒤쪽에 있는 강낭콩 모양의 2개로 이루어진 장기 이다. 신장조직 바깥 부분이 피질, 안쪽 부분이 수질, 편평한 삼각형 모양으로 넓게 퍼져 있는 빈 공간이 신우다. 피질에는 공 모양의 조직인 신소체가 있으며 외부에서 신장으로 들어오는 혈액을 여과하여 원뇨를 생성한다. 수질은 세뇨관의 집합체로 주로 노폐물을 처리한다. 신장의 기능상의 단위를 네프론(nephrone)이라 하며 양쪽 신장에 약 200만개의 네프론이 존재한다.

2) 신장의 기능

신장의 주기능은 여과이다. 수분을 생성하고 배설하므로서 체내 수분과 체액의 항상성을 조절한다. 체내 대사과정 중에 생긴 노폐물인 요소, 요산, 크레아티닌등을 배설한다. 그 외에도 조혈기능(에리트로포이에틴, erythropoietin), 혈압 조절(레닌, renin), 비타민 D 활성화 등의 기능이 있다

2. 신증후군

신증후군은 사구체 장애로 단백질이 사구체로부터 여과되어 재흡수가 되지 않아 다량의 단백뇨, 저알부민혈증, 심한 부종, 고지혈증이 생긴다.

1) 원인 및 증상

사구체 이상에 의한 원발성 신증후군과 B형 간염, 당뇨병, 류머티성 관절염 등 2차적인 이차성 신증후군이 있다. 성인보다 소아에게서 발병율이 높다. 다량의 단백질이 소변으로 배설되면서 저알부민혈증으로 심한 전신 부종이 특징이다.

2) 임상영양관리

신증후군 시 영양소별 고려사항은 표 9-1과 같다. 부종의 치료를 위해서는 나트륨과 수분을 제한한다. 부종이 심하면 알부민제제나 이뇨제도 사용한다.

표 9-1 신증후군 시 영양소별 고려사항

구분	내용
칼로리	35 kcal/kg 부종이 있는 환자는 건조체중을 이용 체중을 증가시키거나 유지하고, 단백질 이용을 효율적으로 하기 위해 비단백질원으로 칼로리를 충분히 섭취
단백질	0.8~1.0 g/kg 단, 영양불량이나 근육의 소모가 심한 환자, 혈액 내 알부민 농도가 지나치게 낮은 환자는 1.5 g/kg까지도 섭취량 증가
지방	단순불포화지방, 다가불포화지방, 포화지방의 비율 1 : 1 : 1로 하여 총 칼로리의 20~25%정도로 지방공급 콜레스테롤은 1일 300 mg이하로 섭취
나트륨	2,000 mg/일 나트륨을 제한하여 부종을 조절
수분	수분을 제한하여 부종을 완화
칼륨	부종을 치료하기 위해 사용하는 이뇨제 처방에 따라 고칼륨혈증 또는 저칼륨혈증이 생기기도 하므로 혈액 내 칼륨농도를 잘 관찰하여 칼륨섭취량을 결정

출처 : (사)대한영양사협회. 임상영양관리지침서. p.388. 2010

3. 사구체 신염

급성 사구체 신염과 만성 사구체 신염이 있다. 급성은 세균감염, 바이러스, 약물에 의해서 일어나나 원인이 없는 경우도 있다. 상기도 세균감염으로 편도선염, 피부화농 발병 후 치료가 되지 않으면 1~2 주 뒤 소변량이 급격히 감소되면서 혈뇨, 부종, 고혈압이 나타난다. 어린이에게 발병률이 높다. 만성은 급성에서 치료가 되지 않아 이행되는 경우와 발병부터 만성으로 진행되는 경우가 있다. 만성도 급성과 비슷한 증상을 나타나지만 말기가 되면 신부전으로 요독증을 동반하므로 위험하다.

임상영양관리는 두 가지 모두 식사요법과 안정이 중요하다. 수분과 나트륨의 제한, 단백질은 1 g/kg, 에너지는 신장에 부담이 적은 당질로 충분히 섭취하도록 한다.

4. 신부전

신장의 여과기능이 감소되어 신장이 수분과 체액의 평형, 조혈물질, 생리활성물질 등을 생산할 수 없는 상태를 신부전이라 한다. 급성신부전과 만성신부전이 있다. 급성신부전은 신혈류량 부족으로 나타나는 신전성, 신장 혈액부족이나 신독성으로 오는 신장성, 요로나 방광의 문제로 야기되는 신후성 신부전이 있다. 신전성 신부전은 신혈류량의 부족이 되는 원인을 차단하고 수분을 엄격히 제한한다. 신장성 신부전은 보존적 요법과 투석이 필요하며 신후성 신부전은 요로 폐색이나 방광의 문제를 치료한다. 임상영양관리는 표 9-2에 나타나 있다. 에너지는 충분히 공급하고 단백질은 투석 시행에 여부에 따라 조절한다.

표 9-2 급성신부전 시의 영양소별 고려사항

구 분	내 용
에너지	35∼50 kcal/kg 표준체중 기초소모에너지 × 1.5
단백질	투석 시행 여부에 따라 조절 투석을 하지 않을 경우; 0.6∼0.8 g/kg 투석을 할 경우; 1∼1.5 g/kg
나트륨	1,000∼2,000 mg/일 단, 이뇨시기에는 나트륨 배설량, 부종, 투석 빈도수에 따라 보충이 필요
칼륨	고칼륨혈증이 있는 경우 2,000 mg/일 이하 단, 이뇨시기에는 소변량, 칼륨 배설량, 혈액 내 칼륨치, 투석 빈도수, 사용하는 약제의 종류에 따라 보충이 필요함
수분	1일 소변 배설량 + 500 mL 이뇨시기에는 충분한 물 섭취가 필요

출처 : (사)대한영양사협회. 임상영양관리지침서. p.364. 2010

만성신부전은 신장 기능의 회복이 불가능하다. 표 9-3은 만성신장질환의 단계를 나타낸 것이다. 고혈압, 당뇨병, 사구체 신염의 합병증으로 발병하며 요독증의 증세를 나타내어 투석요법이나 신 대치요법이 요구된다.

표 9-3 만성신장질환의 단계

단계	정의	GFR(mL/분/1.73 m^2)
1	신장손상(GFR 정상 또는 증가)	≥ 90
2	신장손상(경한 GFR 감소)	60-89
3	신장손상(중등도 GFR 감소)	30-59
4	신장손상(중한 GFR 감소)	15-29
5	신부전	15 ≤(또는 투석)

출처 : National Kidney Foundation (2002): NKF-K/DOQI Clinical practice guidelines for chronic kidney disease; evaluation, classification, and stratification. Am J Kidney Dis 39(2):S7-S10
(사)대한영양사협회. 임상영양관리지침서. p.365. 2010

만성 신부전의 임상영양관리는 사구체 여과율에 따라 다르며 표 9-4는 만성 신부전 환자의 단백질과 에너지의 권장섭취량, 표 9-5는 만성 신부전의 영양치료 시 고려사항이다.

표 9-4 만성 신부전 환자의 단백질과 에너지의 권장섭취량

GFR (mL/분)	단백질 (g/kg/일)	에너지 (kcal/kg/일)
>60	일반적으로 제한하지 않음	≥35
25-60	0.6 g/kg/일(≥0.35 g/kg/일, 생물가가 높은 식품)	≥35
5-25	0.6 g/kg/일(≥0.35 g/kg/일, 생물가가 높은 식품)	≥35
	0.3 g/kg/일(필수아미산 또는 케토아미노산으로 보충)	

출처 : Kopple JD, Massry SG(1997): Nutritional management of renal disease. Williams & Wikins
(사)대한영양사협회. 임상영양관리지침서. p.366. 2010

표 9-5 만성 신부전의 영양치료 시 고려사항

구분	내용
신부전 진행속도의 평가	시간과 혈청크레아티닌의 역수는 선형관계에 있으므로 시간에 따른 신기능 소실을 평가하여 가역적인 악화요인의 작용유무를 확인
수분 및 염분 제한	1일 염분을 5g 이하로 제한하여 체액의 과잉을 방지하며 수분은 1일 배설량에 500mL를 더한 양으로 제한
혈압조절	고혈압은 전체의 85% 이상에서 발생하며 신부전의 진행에 중요한 역할을 하므로 단백뇨가 없는 경우 130/85 mmHg, 하루 1g 이상의 단백뇨가 있는 경우 125/75 mmHg 이하로 조절
단백질 섭취제한	이화작용 방지를 위해 충분한 칼로리를 공급하며 하루 0.6-0.8 g/kg 이하의 단백질 섭취제한으로 질소노폐물의 축적을 줄이고 단백뇨를 감소시켜 신부전의 진행속도 완화
칼로리 보충	35 kcal/kg 이상체중을 유지하고, 단백질을 효과적으로 이용하기 위하여 충분한 에너지 섭취요구 식사 내 단백질 이용률은 총에너지 섭취량에 좌우되고 단백질의 지나친 제한은 에너지 섭취부족을 초래할 수 있으므로 주의

출처 : (사)대한영양사협회. 임상영양관리지침서. p.368. 2010

칼륨제한	고칼륨혈증은 GFR이 5 mL/분 이하로 감소된 경우에 발생하므로, GFR이 5 mL/분 이상인 경우에 고칼륨혈증이 발생하였다면 신부전 자체 이외에 채소 등 칼륨이 다량 함유된 식품, ACE 억제제(항고혈압제), NSAIDs(비스테로이드성 소염진통제), 베타차단제(고혈압치료제), 칼륨보존 이뇨제 등의 복용, 감염,

	요량 감소, 외상, 용혈 등의 원인을 확인하여야 함 GFR이 20 mL/분 이하로 감소하면 하루 40 mEq 이하로 제한
칼슘, 인 교정	GFR이 5 mL/분 이하로 감소하면 인산염 섭취를 하루 800 mg 이하로 제한하며 필요 시 인결합제나 탄산칼슘을 복용
대사성 산증의 교정	혈청 중탄산염 농도는 22 mmol/L 이하로 유지되어야 하며 필요시 경구 중탄산나트륨을 복용
신독성 약물의 제한	NSAIDs, aminoglycoside
빈혈의 치료	**원인**: EPO 생성결핍 alv 철, 엽산결핍, 위장관 출혈, 요독증에 의한 골수 억제, 적혈구 생존기간의 단축 **철 공급**: 트랜스페린 포화도가 20% 이상, 혈청페리틴 100mg/mL 이상 목표 **조혈촉진 호르몬제**(recombinant human erythropoietin, rHuEPO) : Hb 10g/dL 이하 Hct 30% 이하에서 철결핍이 교정된 후 투여 rHuEPO의 부작용 : 고혈압, 철결핍 rHuEPO 치료 실패의 원인 : 치료 용량 부족, 철결핍, 감염, 혈액손실, 골수 섬유화, 부갑상선기능 항진증, 비타민 결핍, 용혈, 알루미늄 중독증
비타민 보충	단백질과 무기질을 제한하면 비타민 결핍초래 수용성비타민 : 1일 엽산 1 mg, 피리독신 5mg, 비타민 B복합체 권장섭취량정도, C 60-100mg의 공급 비타민 D : 신장기능이 저하되면 25-hydroxy-cholecalciferol에서 1,25-dihydroxycholecalciferol로 전환이 잘 되지 않아 활성 비타민 D가 충분하지 않으므로 활성 비타민 D 공급 필요 비타민 A : 만성신부전이 진행될수록 체내 축적되므로 보충하지 않음

5. 투석요법

투석요법에는 인공신장기를 이용하는 혈액투석과 환자의 복막을 이용하는 복막투석이 있다. 혈액투석을 위해서는 팔의 동정맥문합술이 요구된다. 혈액투석 시의 영양소별 고려사항은 표 9-6에 나타나 있다. 혈액투석환자는 고중성지방혈증과 고콜레스테롤혈증이 흔하므로 체중조절, 단순당질 제한, 불포화지방산 사용 등이 요구된다.

표 9-6 혈액투석 시의 영양소별 고려사항

구분	내용
에너지	체중유지, 체중증가, 완만한 체중감소(0.2~0.4 kg/주)를 위한 적절한 칼로리 섭취 정상 : 30~35 kcal/kg 표준체중 비만 : 20~30 kcal/kg 표준체중 체중 부족 또는 이화 상태 : 45 kcal/kg 표준체중 기초에너지 대사량 × 활동지수 × 스트레스 지수
단백질	1.2~1.4 g/kg 표준체중(단, 개인의 투석 특성에 맞춘다.)
나트륨	3,000 mg 이하/일
칼륨	1,500~2,500 mg/일
수분	1일 소변량 + 500~750 mL(단, 무뇨 시 1,000 mL/일)
인	15~17 mg/kg 표준체중
칼슘	혈액 내 칼슘치에 따라 조절

출처 : (사)대한영양사협회. 임상영양관리지침서. p.375. 2010

복막투석은 생체막인 복막을 이용하여 노폐물을 제거하는 방법이다. 표 9-7은 지속성 외래 복막투석 시의 영양소별 고려사항이다. 복막투석이 혈액투석에 비해 단백질섭취가 더 자유롭다.

표 9-7 지속성 외래 복막투석 시의 영양소별 고려사항

구 분	내 용
칼로리	식사를 통한 칼로리 섭취량 = 총칼로리 요구량* - 투석액으로부터 얻는 칼로리양** 총칼로리 요구량* = 25~35 ,kcal/kg 표준체중 투석액으로부터 얻는 칼로리량** = 덱스트로오스 농도(g/L) × 3.4(kcal/g) × 투석액 용량(L)
단백질	1.3~1.5 g/kg 표준체중 복막염 시 단백질량 증가
나트륨	90~180 mEq(2,000~4,000 ㎎)/일 단, 체중과 혈압에 따라 개별적으로 적용
칼륨	칼륨함량이 높은 식품은 중정도로 사용 단, 고칼륨혈증이 유발될 경우 칼륨섭취량은 60~70 mEq(2,340~2,730 ㎎)정도로 제한
수분	2,000 mL 이상/일 또는 24시간 투석배액 + 24시간 소변량
인	≤17 ㎎/kg 표준체중
칼슘	혈액 내 칼슘치에 따라 조절
단순당질	고지혈증이 있거나 체중이 표준체중 이상일 경우 섭취량을 제한
알코올	고지혈증이 있을 경우 제한 단, 식욕촉진을 위해 의사의 처방이 있을 경우는 제외
포화지방	고콜레스테롤혈증이 있을 경우 포화지방대신 불포화지방을 사용
콜레스테롤	코콜레스테롤혈증이 있을 경우 저콜레스테롤식품으로 적절한 단백질 섭취가 가능하다면 콜레스테롤을 제한

출처 : (사)대한영양사협회. 임상영양관리지침서. p.378. 2010

6. 신장이식

만성신부전 환자가 투석요법으로 치료가 어려울 때 다른 사람의 신장을 이식하는 것이다. 표 9-8은 신장이식 직후와 이식 후 장기적 영양관리에 대한 것이다.

표 9-8 신장이식 직후와 이식 후 장기적 영양관리

	이식 직후	이식 후 장기관리
에너지	기초대사량+ 30%	기초대사량+ 10%~20% (과다한 체중증가를 방지)
단백질	1.3~1.5 g/kg	1 g/kg
나트륨	90~135 mEq	고혈압일 경우 90 mEq로 제한
칼륨	제한없음 고칼륨혈증이면 70 mEq	동일
칼슘	1,200 mg	동일
콜레스테롤	≤ 200 mg	동일
지방	총칼로리의 20% 불포화지방산으로 섭취	동일
단순당	섭취제한	동일
섬유소	섭취강조	동일
알코올	섭취피함	동일

출처 : Nelson JK. et al(1994): Mayo clinic diet manual. 7th ed. Mosby. p.370
(사)대한영양사협회. 임상영양관리지침서. p.502. 2010

7. 신결석

신결석은 수산칼슘결석, 인산칼슘결석, 요산 결석, 시스틴 결석이 있다. 표 9-9는 신결석의 영양소별 고려사항에 대한 것이다. 표 9-10은 수산함량이 높은 식품, 9-11은 인 함량이 높은 식품이다. 칼슘결석인 경우는 칼슘 함량이 높은 우유와 유제품을 제한한다. 요산결석은 알칼리성 식품의 섭취가 요구된다.

표 9-9 신결석의 영양소별 고려사항

구분	내용
수산칼슘결석 인산칼슘결석	**단백질, 칼슘, 나트륨** 동물성 단백질을 많이 섭취하면 칼슘의 배설이 증가하므로 과잉의 생선, 육류, 가금류, 달걀 등 피함 칼슘은 600-800 mg정도 권장 나트륨은 중정도(90-150 mEq)로 제한 **수산** 수산은 제한(1일 50 mg 이하) 아스코르빈산 보충제는 1일 1g미만으로 함 **인** 저인식, 인결합약제 사용 **수분** 시간당 약 250-300 mL 정도 증가 **섬유소** 고섬유소식 권장
시스틴결석	저단백식, 1일 수분 4L 이상섭취, 알칼리성 음식 삼가

출처 : (사)대한영양사협회. 임상영양관리지침서. p.399-400. 2010(요약)

표 9-10 수산함량이 많은 식품

식품명	식품(>10mg/100g)
빵 및 전분류	프루트 케이크, 옥수수, 밀의 배아
육류 및 육가공품	토마토소스가 첨가된 구운 육류요리, 땅콩버터, 두부
채소류	콩, 겨자, 사탕무, 오크라, 샐러리, 파슬리, 실파, 부추, 가지, 꽃상추, 근대, 케일, 물냉이, 고구마, 시금치, 호박
유지류	견과류, 땅콩, 아몬드, 캐슈넛, 호두
과일 및 주스류	블랙베리, 블루베리, 프루트칼테일, 포도, 구즈베리, 레몬 껍질, 라임 껍질, 오렌지 껍질, 딸기, 귤, 위의 과일로 만든 주스
음료	생맥주, 차, 코코아
기타	초콜릿, 코코아, 식물성 수프, 토마토 수프, 마멀레이드

출처 : (사)대한영양사협회. 임상영양관리지침서. p.400. 2010(요약)

표 9-11 인 함량이 높은 식품

식품명	식품	중량(g)	어림치	인 함량(mg)
우유류	우유	100	1/2컵	85
	치즈	30	1/2장	184
	아이스크림	80	1/2컵	96
	연유	40	1/5컵	93
	전지분유	10	1½ 큰 스푼	81
	두유	100	1/2컵	40
채소류	배추	100	1½컵	63
	느타리버섯	50	1/4컵	49
	표고	80	1/3컵	46
	열무	70	1/2컵	32
	무	100	1컵	29
과일류	배	100	중 1/3개	35
	감	80	중 1/2개	29
	곶감	30	중 1개	32
	건포도	25	50알	23
곡류	쌀	20	2 큰 스푼	29
	팥	20	1½ 큰 스푼	83
	녹두	10	1 큰 스푼	47
	감자	60	1½개	35
	밀가루	15	2½ 큰 스푼	33

	녹두묵	100		230
	메밀묵	100		156
	오트밀	20		72
어육류	쇠고기	30	호두알 크기	43
	돼지간	35	호두알 크기	225
	쇠간	35	호두알 크기	129
	닭고기	35	호두알 크기	106
	돼지고기	35	호두알 크기	76
	생선류	40	소 1토막	33
	멸치(건)	10	국멸치 6개	199
	낙지	60	1/4컵	185
	동태	50	소 1토막	143
	홍합	50	1/3컵	100
	유부	30	긴 유부 7개	92
어패류 및 난류	굴	60	1/4컵	79
	달걀	50	중 1개	132
	메추리알	50	5개	122
	생멸치	35		259
	양미리	10		293
	빙어	40		176
	아나고	60		223
	재치조개	60		136
	복어	40		148
	연어알	30		237
콩류 및 가공품	연두부	150	1/2개	108
	검정콩	20	1½ 큰 스푼	102
	두부	80	1/5모	75

출처 : (사)대한영양사협회. 임상영양관리지침서. p.401~402. 2010

8. 신장질환의 식품교환표

신장질환은 단백질, 나트륨, 칼륨, 인을 제한해야 하므로 신장질환을 위한 식품교환표를 표 9-12에 나타내었다.

표 9-12 신장질환 환자를 위한 식품교환표

	단백질(g)	나트륨(mg)	칼륨(mg)	인(mg)	칼로리(kcal)
곡류군	2	2	30	30	100
어육류군	8	50	120	90	75
채소군 1	1	미량	100	20	20
2	1	미량	200	20	20
3	1	미량	400	20	20
지방군	0	0	0	0	45
우유군	6	100	300	180	125
과일군 1	미량	미량	100	20	50
2	미량	미량	200	20	50
3	미량	미량	400	20	50
열량보충군	0	3	20	5	100

출처 : (사)대한영양사협회. 임상영양관리지침서. p.389. 2010

1. 곡류군

곡류군은 대부분 주식이 되는 식품들로 구성되어 있으며, 좋은 에너지원일 뿐 아니라 약간의 단백질도 포함되어 있다.

표 9-12-1 곡류군의 영양소 함량과 식품의 예

1교환단위의 영양소 함량	단백질(g)	나트륨(mg)	칼륨(mg)	인(mg)	칼로리(kcal)
	2	2	30	30	100

식품명	가식부 무게(g)	목측량
쌀밥	70	1/3공기
국수(삶)*	90	1/2공기
식빵*	35	1쪽
백미	30	3 큰 스푼
찹쌀	30	3 큰 스푼
밀가루	30	5 큰 스푼
마카로니(건)	30	
가래떡	50	썬 것 11개
백설기	40	6 × 2 × 3㎤
인절미	50	3개
절편(흰떡)	50	2개
카스텔라	30	6.5 × 5 × 4.5㎤
크래커 .	20	5개
콘플레이크	30	3/4컵

* 이 식품들은 다른 식품에 비해 나트륨과 단백질이 많기 때문에 이들을 제한해야 되는 경우에는 1일 1회 이하로 섭취하도록 주의한다.

주의식품 : 다음의 식품들은 칼륨이나 인이 많기 때문에 이들을 제한해야 되는 경우에는 주의하도록 한다.

식품명	가식부 무게(g)	목측량	칼륨 주의 (60mg 이상)	인 주의 (60mg 이상)
감자	180	대 1개	○	○
고구마	100	중 1/2개	○	
토란	250	2컵	○	○
검정쌀	30	3 큰 스푼	○	○
보리쌀	30	3 큰 스푼	○	
현미쌀	30	3 큰 스푼	○	○
보리밥	70	1/3공기	○	
현미밥	70	1/3공기	○	○
녹두	30	3 큰 스푼	○	○
율무	30	3 큰 스푼	○	○
차수수	30	3 큰 스푼	○	○
차조	30	3 큰 스푼	○	○
팥(붉은 것)	30	3 큰 스푼	○	○
호밀	30	3 큰 스푼	○	
밤(생)	60	중 6개		○
은행	60		○	○
메밀국수(건)	30		○	
메밀국수(삶)	90			○

시루떡	50		○	
보리미숫가루	30	5 큰 스푼		○
빵가루	30			○
오트밀	30	1/3컵	○	○
핫케이크가루	25			○
옥수수	50	1/2개	○	○
팝콘	20		○	

출처: (사)대한영양사협회. 임상영양관리지침서. p.390-391. 2010

2. 어육류군

어육류군은 질이 좋은 단백질로 구성되어 있으므로 반드시 허용된 범위 내에서 섭취해야 한다.

표 9-12-2 어육류군의 영양소 함량과 식품의 예

1교환단위의 영양소 함량	단백질(g)	나트륨(mg)	칼륨(mg)	인(mg)	칼로리(kcal)
	8	50	120	90	75

식품명	가식부 무게(g)	목측량
고기류		
쇠고기	40	로스용 1장(12×10.3㎝)
돼지고기	40	로스용 1장(12×10.3㎝, 탁구공 크기)
닭고기	40	소 1토막(탁구공 크기)
개고기	40	소 1토막(탁구공 크기)
쇠간	40	1/4컵
쇠갈비	40	소 1토막
우설	40	1/4컵
돼지족, 돼지머리, 삼겹살	40	썰어서 4쪽(3×3㎝)
쇠곱창	60	1/2컵
쇠꼬리	60	소 2토막
생선류-각종 생선류	40	소 1토막
건어물류 및 해산물		
뱅어포	10	1장
북어	10	중 1/4토막
새우	40	중하 3마리, 보리새우 10마리
문어*	50	1/3컵
물오징어*	50	중 1/4마리(몸통)
꽃게*	50	중 1/2마리
굴*	70	1/3컵
낙지*	70	1/2컵
전복	70	중 1마리
알류 및 콩류		
달걀	60	대 1개
메추리알	60	5개
두부	80	1/6모
순두부	200	1컵
연두부	150	1/2개

* 이 식품들은 다른 식품에 비해 염분이 약간 많으므로 물에 담가 염분을 충분히 뺀 후 조리한다.

*주의식품 : 다음의 식품들은 칼륨이나 나트륨이 많기 때문에 이들을 제한해야 되는 경우에는 주의하도록 한다.

식품명	가식부 무게(g)	목측량
달래	30	생1/2컵
당근	30	생1/2컵
김	2	1장
깻잎	20	20장
풋고추	20	중 2-3개
표고(생)	30	중 5개
더덕	30	중 2개
치커리	30	중 12잎
배추	70	소 3-4장
양상추	70	중 3-4장
마늘쫑	40	익혀서 1/2컵
파	40	익혀서 1/2컵
팽이버섯	40	익혀서 1/2컵
냉이	50	익혀서 1/2컵
무청	50	익혀서 1/2컵
양파	50	익혀서 1/2컵
양배추	50	익혀서 1/2컵
가지	70	익혀서 1/2컵
고비(삶은 것)	70	익혀서 1/2컵
고사리(삶은 것)	70	익혀서 1/2컵
무	70	익혀서 1/2컵
숙주	70	익혀서 1/2컵
오이	70	익혀서 1/2컵
죽순(통)	70	익혀서 1/2컵
콩나물	70	익혀서 1/2컵
피망	70	익혀서 1/2컵
녹두묵	100	1/4모
메밀묵	100	1/4모
도토리묵	100	1/4모

		식품명	가식부 무게(g)
		검정콩	20
		노란콩	20
		햄(로스)	50
		런천미트	50
		프랑크소시지	50
		생선통조림	40
		치즈	40
		잔멸치(건)	15
		건오징어	15
		조갯살	70
		깐홍합	70
		어묵	80

출처: (사)대한영양사협회. 임상영양관리지침서. p.391-392. 2010

3. 채소군

채소군은 칼륨의 함량에 따라 3개의 그룹으로 분류하였으며, 1교환단위의 분량은 대부분 목측량 1/2컵을 기준으로 통일되어 있다. 칼륨을 제한해야 하는 경우 채소군 3(칼륨 고함량)의 식품들은 식단에서 제외하도록 한다.

표 9-12-3 채소군의 영양소 함량과 식품의 예

채소군 1(칼륨 저함량)

1교환단위의 영양소 함량	단백질(g)	나트륨(mg)	칼륨(mg)	인(mg)	칼로리(kcal)
	1	미량	100	20	20

채소군 2(칼륨 중등함량)

1교환단위의 영양소 함량	단백질(g)	나트륨(mg)	칼륨(mg)	인(mg)	칼로리(kcal)
	1	미량	200	20	20

식품명	가식부 무게(g)	목측량
무말랭이	10	불려서 1/2컵
두릅	50	3개
상추	70	중 10장
셀러리	70	6 cm 길이 6개
케일	70	10 cm 길이 10장
도라지	50	익혀서 1/2컵
연근	50	익혀서 1/2컵
우엉	50	익혀서 1/2컵
풋마늘	50	익혀서 1/2컵
고구마순	70	익혀서 1/2컵
느타리*	70	익혀서 1/2컵
열무	70	익혀서 1/2컵
애호박	70	익혀서 1/2컵
중국부추	70	익혀서 1/2컵

*인이 많이 함유된 식품

채소군 3(칼륨 고함량)

1교환단위의 영양소 함량	단백질(g)	나트륨(mg)	칼륨(mg)	인(mg)	칼로리(kcal)
	1	미량	400	20	20

식품명	가식부 무게(g)	목측량
양송이*	70	중 5개
고춧잎	50	익혀서 1/2컵
아욱	50	익혀서 1/2컵
근대	70	익혀서 1/2컵
머우ㅣ	70	익혀서 1/2컵
물미역	70	익혀서 1/2컵
미나리	70	익혀서 1/2컵
부추	70	익혀서 1/2컵
쑥*	70	익혀서 1/2컵
쑷갓	70	익혀서 1/2컵
시금치	70	익혀서 1/2컵
준순	70	익혀서 1/2컵
취	70	익혀서 1/2컵
당호박	100	익혀서 1/2컵
늙은호박*	150	익혀서 1/2컵

*인이 많이 함유된 식품

출처: (사)대한영양사협회. 임상영양관리지침서. p.393-394. 2010

4. 지방군

지방군은 소화 흡수 후 노폐물을 거의 생성하지 않아서 신장에 부담을 주지 않는다. 적은 양으로도 많은 에너지를 낼 수 있고 단백질을 많이 제한하는 경우, 농축 에너지원으로 사용되어 체단백질의 손실을 막을 수 있다.

표 9-12-4 지방군의 영양소 함량과 식품의 예

1교환단위의 영양소 함량	단백질(g)	나트륨(mg)	칼륨(mg)	인(mg)	칼로리(kcal)
	0	0	0	0	45

식품명	가식부 무게(g)	목측량
들기름	5	1작은 스푼
미강유	5	1작은 스푼
옥수수기름	5	1작은 스푼
유채기름	5	1작은 스푼
콩기름	5	1작은 스푼
참기름	5	1작은 스푼
카놀라유	5	1작은 스푼
쇼트닝	5	1.5작은 스푼
마가린	6	1.5작은 스푼
버터	6	1.5작은 스푼
마요네즈	7	1.5작은 스푼
다음 식품은 단백질, 인, 칼륨이 많으므로 주의		
베이컨	7	1조각
땅콩	10	10개(1스푼)
아몬드	8	7개
잣	8	1큰 스푼
참깨	8	1큰 스푼
피스타치오	8	10개
해바리기씨	8	1큰 스푼
호두	8	대 1개 또는 중간 것 1.5개

출처: (사)대한영양사협회. 임상영양관리지침서. p.395. 2010

5. 우유군

우유군은 질이 좋은 단백질로 구성되어 있으나 대체로 칼륨과 인이 많기 때문에 1일 허용된 양 이상은 섭취하지 않는 것이 좋다.

표 9-12-5 우유군의 영양소 함량과 식품의 예

1교환단위의 영양소 함량	단백질(g)	나트륨(mg)	칼륨(mg)	인(mg)	칼로리(kcal)
	6	100	300	180	125

*요구르트나 연유(가당)는 1교환단위의 칼로리가 기준치의 1.5배임

**아이스크림은 1교환단위의 칼로리가 기준치의 2.5배임

출처: (사)대한영양사협회. 임상영양관리지침서. p.396. 2010

6. 과일군

과일군은 칼륨 함량에 따라 3개의 그룹으로 분류하였으며 칼륨을 제한해야 하는 경우 과일군3(칼륨 고함량)의 식품들은 식단에서 제외하는 것이 좋다.

표 9-12-6 과일군의 영양소 함량과 식품의 예

과일군 1(칼륨 저함량)

1교환단위의 영양소 함량	단백질(g)	나트륨(mg)	칼륨(mg)	인(mg)	식품명 요구르트(액 요구르트(호 우유 락토우유 저지방우유(두유 연유(가당)* 조제분유 아 이 스 식품명 귤(통)* 금귤 단감 연시 레몬 사과 사과주스 자두 파인애플 파인애플(포도 깐포도(통 후르츠칵 *과일 통 칼로리(kcal)
	미량	미량	100	20	50

과일군 2(칼륨 중등함량)

1교환단위의 영양소 함량	단백질(g)	나트륨(mg)	칼륨(mg)	인(mg)	칼로리(kcal)
	미량	미량	200	20	50

과일군 3(칼륨 고함량)

1교환단위의 영양소 함량	단백질(g)	나트륨(mg)	칼륨(mg)	인(mg)	칼로리(kcal) 식품명 귤 다래 대추(건) 대추(생) 배 딸기 백도 황도 .살구 수박 오렌지 오렌지주스 자몽 파파야 포　　도 식품명 곶감 멜론(머스크 바나나 앵두 참외 천도복숭아 키위 토마토 체리토마토
	미량	미량	400	20	50

출처: (사)대한영양사협회. 임상영양관리지침서. p.396-397. 2010

7. 에너지 보충군

단백질을 많이 제한하는 경우 충분한 에너지를 공급해 주면 체단백의 손실을 막을 수 있으며 소화 흡수 후 노폐물을 거의 생성치 않아 신장에 부담을 줄일 수 있다. 단, 복막투석을 하고 있는 경우에는 복막투석액 내에 이미 당분이 포함되어 있으므로 에너지 보충군의 섭취는 바람직하지 않다.

표 9-12-7 에너지 보충군의 영양소 함량과 식품의 예

1교환단위의 영양소 함량	단백질(g)	나트륨(mg)	칼륨(mg)	인(mg)	칼로리(kcal)
	0	3	20	5	100

식품명	가식부 무게(g)
과당	25
꿀	30
녹말가루	30
당면	30
마멀레이드	40
사탕	25
설탕	25
양갱	35
엿	30
물엿	30
젤리	30
잼	35
캐러멜	25
칼로리-S	25
다음 식품은 단백질, 인, 칼륨이 많으므로 주의	
초콜릿	20
흑설탕	25
황설탕	25
로얄젤리	80

출처: (사)대한영양사협회. 임상영양관리지침서. p.398. 2010

표 9-12-8 염분 함량표

식품명	무게(g)	목측량	식품명	무게(g)	목측량
소금	1	1/2 작은 술	마요네즈	85	6큰 술
진간장	5	1/2 작은 술	토마토케첩	40	3큰 술
우스타소스	25	1⅔큰술	버터	50	3큰 술
된장	10	1/2큰 술	배추김치	35	길이3-4cm 5쪽
고추장	10	1/2큰 술	단무지	35	반달모양 직경 약 6cm 5쪽

출처: (사)대한영양사협회. 임상영양관리지침서. p.398. 2010

⌘제10장⌘
빈혈

제10장 빈혈

1. 혈액의 기능

혈액은 신체 내 세포외액으로 작용하며 산소, 영양소, 호르몬 등을 운반한다. 전해질과 수분평형을 유지한다. 백혈구는 신체 방어기전, 혈소판은 지혈에 관여한다.

2. 혈액의 구성성분

혈장과 혈구로 구성되며 혈장은 혈액을 원심분리 했을 때 상층액에 해당되는 것으로 대부분이 물이다. 전체 혈액의 약 55%에 해당된다. 혈액의 45%에 해당되는 혈구는 적혈구, 백혈구, 혈소판으로 구성되고 적혈구는 조직에 산소와 이산화탄소를 운반하고 pH를 조절한다. 남자는 약 500만 개/mm^3, 여자는 약 450만 개/mm^3 정도된다. 적혈구는 골수에서 만들어지며 에리트로포이에틴은 적혈구의 생산을 촉진한다. 백혈구는 세포질 안에 과립이 있는 과립구(중성, 염기성, 산성백혈구)와 과립이 없는 무과립구(단핵구와 대식세포, 림프구)가 있으며 감염에 대항하여 신체를 방어한다. 백혈구도 골수에서 생산되며 5,000~10,000 개/mm^3 이 정상이다 혈소판은 혈액응고에 관여하고 20만~30만 개/mm^3 가 정상이다.

3. 빈혈의 종류

1) 철결핍성빈혈

철의 섭취부족이나 철의 요구량이 증가, 흡수장애와 철손실이 증가되었을 때 발생한다. 먼저 저장철(페리틴)이 결핍되고 적혈구 형성에 문제가 생긴다. 증상은 피로, 권태, 두통, 심계항진, 이명 등이 생기고 손톱의변형도 나타난다.

임상영양관리는 고에너지식, 고단백식, 철 함량이 많은 식품(표 10-1), 고비타민 B_6, B_{12}, C, 고엽산식, 흡수가 잘되는 헴철이 들어 있는 동물성식품을 섭취한다. 표 10-2는 조혈기능에 대한 혈액수치의 정상범위를 나타내었다.

표 10-1 철의 주요 급원

식품군	식품(1회분량, g)	철(mg)
곡류 및 전분류	시리얼(40)	1.8
	보리쌀밥(90)	2.7
	현미밥(90)	1.9
	백미밥(90)	0.5
고기, 생선, 달걀, 콩류	맛조개(80)	12.5
	굴(80)	6.4
	쇠간(60)	6.1
	대두(20)	2.5
	돼지고기(60)	1.4
	달걀(60)	1.0
채소, 과일류	근대(70)	3.5
	시금치(70)	1.8
	사과(100)	0.8
	딸기(200)	0.8
우유 및 유제품	치즈(20)	0.3
	우유(200)	0.2
유지류	주요급원이 아님	

출처 : 권종숙 외 5명. 임상영양학. 신광출판사. p.348. 2012

표 10-2 조혈기능에 대한 지수

혈액수치		정상범위
페리틴	남자	30~300 mg/L
	여자	10~200 mg/L
헤마토크릿	남자	41~53 %
	여자	36~46 %
헤모글로빈	남자	13.5~17.5 g/dL
	여자	12.0~16.0 g/dL
혈장철		30~160 mg/dL
총 철 결합능력		228~428 mg/dL
철 결합능력 포화도		0.2~0.45(20~45 %)
평균 적혈구 혈색소량		26.0~34.0 pg/cell
평균 적혈구 혈색소량 농도		31.0~37.0 g/dL of 농축된 적혈구
평균 적혈구 용적	남자	78~100 ㎣
	여자	78~102 ㎣

메트헤모글로빈	총 체모글로빈의 1 % 까지
프로토폴피린, free erythrocytic	0.28~0.64 mg/dL
산소 퍼센트 포화도, 팔의 정맥에서	60~85 %
트랜스퍼린 수용체	9.6~29.6 mmol
트랜스퍼린	2.3~3.9 g/L
겸상적혈구 검사	negative

출처 : Kratz A, Sluss, PM, Januzzi JL, Lewandrowski KB. Appendices: Laboratory Values of Clinical Importance. In: Harrison' s Principles of Internal Medicine, Kasper DI, Fauci AS, Longo DL, Braunwald E, Hausner SL, Jameson JL, Eds., 16th ed., New York, McGraw Hill Publishing, 2005. Constructed from data obtained using this source.

이명숙 외 역. 임상영양학. 양서원. p.381. 2012

2) 재생불량성 빈혈

무형성 빈혈이라고도 하며 골수의 병변으로 골수에서 생성되는 적혈구의 수가 절대적으로 부족한 빈혈이다. 골수를 이식하거나 수혈이 필요하다. 골수이식 후 면역억제제를 사용한다. 임상영양관리는 양질의 고단백식과 고에너지식이 권장되며 무균식이 제공된다. 표 10-3은 골수이식환자의 식욕촉진 전략이다.

표 10-3 골수이식환자의 식욕촉진 전략

· 구강관련 혓바늘. 구순구각, 구내염, 구강건조증 확인	· 구강 내를 청결하게 유지 · 점막을 촉촉하게 유지 · 침샘자극제 사용 가능 · 얼음 조각 사용 가능 · 기저 원인 치료
· 감각상태 관련 혐오식품, 후각과 미각의 변화, 통증 이나 화상의 감각변화 확인	· 자극적이거나 강한 후각 자극을 피함 · 찬 음식을 제공 · 견딜 수 있는 제품을 포함
· 식이섭취 관련 식품섭취, 식이형태, 식욕이나 섭취에 치료의 영향에 접근하는 데 표준화된 방법 사용	· 경구섭취 불량의 영향을 줄이기 위해경구보충제를 사용, 만약 다량 영양소가 추천용량보다 적다면 고칼로리, 고단백질 보충제를 사용 · 차갑게 하거나 아이스크림과 같은 비슷한 얼음 식품과 함께 섭취될 때 잘 견뎌낼 수 있음 · 잘 견딜 수 있고 영양이 좋은 음식의 양을 늘려야 함 · 적고 빈번한 식사와 경구 보충제나 식사 사이에 혼합물을 주는 것이 이상적임 · 시각적으로 매력적인 음식을 제공 · 친구나 가족이 함께라면 식욕는 증가 될 것임

출처 : 이명숙 외 역. 임상영양학. 양서원. p.392. 2012

3) 용혈성 빈혈

적혈구가 정상적인 수명을 다하지 못하고 빠르게 파괴되는 것을 용혈성 빈혈이라고 한다. 자가면역반응, 감염, 비타민 E 부족 등으로 나타난다. 임상영양관리는 엽산(표 10-4), 비타민 E, 아연을 보충한다. 약제로 스테로이드제를 사용할 경우에는 저나트륨식을 제공한다.

표 10-4 엽산의 주요 급원

식품군	식품(1회분량, g)	엽산(μg)
곡류 및 전분류	옥수수 생것(90)	185
	통밀식빵(100)	46
	조(15)	13
고기, 생선, 달걀, 콩류	쇠간(60)	130
	대두(20)	58
	달걀(60)	68
	소고기 등심(60)	5
채소, 과일류	시금치(70)	206
	쑥갓(70)	190
	미나리(70)	98
	오렌지(100)	30
우유 및 유제품	바나나(100)	11
	우유(200)	12
유지류	주요급원이 아님	

출처 : 권종숙 외 5명. 임상영양학. 신광출판사. p.350. 2012

4. 백혈구 감소증과 과다증

백혈구 감소증은 골수의 기능이 저하되어 백혈구가 6,000 개/mm^3 이하로 감소한 것으로 감염이 쉽게 발생한다. 백혈구 과다증은 폐렴, 편도선염 등 감염성 질환으로 백혈구가 15,000~20,000 개/mm^3 이상 증가하는 것이다.

⌘제11장⌘

선천성대사 이상

제11장 선천성대사 이상

1. 페닐케톤뇨증

페닐케톤뇨증은 페닐알라닌 수산화효소 결핍으로 페닐알라닌을 티로신으로 대사시키지 못해 혈중 페닐알라닌 농도가 증가하게 되고 소변 중에 페닐알라닌과 페닐피루브산, 페닐아세트산이 배설된다. 환자는 티로신 합성이 안 되어 멜라닌 생성이 감소되므로 피부, 모발색이 정상인에 비해 더 희고 연하다. 출생 후 7일 이내에 검사하여 페닐알라닌이 성장에 필요한 양으로 제한한 특수 조제분유를 제공한다. 표 12-1은 페닐케톤뇨증을 가진 영아, 소아, 성인의 영양권장량이다. 표 12-2는 페닐케톤뇨증에 사용되는 조제식의 조성에 관한 것이다. 인공감미료로 사용되는 아스파탐은 페닐알라닌 함량이 높기 때문에 페닐케톤뇨증 환자에게 사용하지 않는다.

표 12-1 페닐케톤뇨증 영아, 소아, 성인의 영양권장량

	영양소				
연령	페닐알라닌	티로신	단백질	열량	수분
영아	(mg/kg)	(mg/kg)	(g/kg)	(kcal/kg)	(mL/kg)
0~3개월 미만	25~70	300~350	3.0~3.5	120(95~145)	135~160
3~6개월 미만	20~45	300~350	3.0~3.5	120(95~145)	135~160
6~9개월 미만	15~35	250~300	2.5~3.0	110(80~135)	125~145
9~12개월 미만	10~35	250~300	2.5~3.0	105(80~135)	125~135
소아	(mg/일)	(g/일)	(g/일)	(kcal/일)	(mL/일)
1~4세 미만	200~400	1.72~3.00	≥30	1,300(900~1,800)	900~1,800
1~4세 미만	210~450	2.25~3.50	≥35	1,700(1,300~2,300)	1,300~2,300
7~11세 미만	220~500	2.55~4.00	≥40	2,400(1,650~3,300)	1,650~3,300

여아	(mg/일)	(g/일)	(g/일)	(㎉/일)	(mL/일)
11~15세 미만	250~750	3.45~5.00	≥50	2,200(1,500~3,000)	1,500~3,000
15~19세 미만	230~700	3.45~5.00	≥5	2,100(1,200~3,000)	1,200~3,000
19세 이상	220~700	3.75~5.00	≥60	2,100(1,400~2,500)	2,100~2,500
남아	(mg/일)	(g/일)	(g/일)	(㎉/일)	(mL/일)
11~15세 미만	225~900	3.38~5.50	≥55	2,700(2,000~3,700)	2,000~3,700
15~19세 미만	295~1,100	4.42~6.50	≥65	2,800(2,100~3,900)	2,100~3,900
19세 이상	290~1,200	4.35~6.50	≥70	2,900(2,000~3,300)	2,000~3,300

출처 : Acosta PB. et al(2001): The Ross metabolic fomula syatem: Nutrition support protocols, 4th ed. Ross Laborstories. Columbus, p.12

표 12-2 페닐케톤뇨증에 사용되는 조제식의 조성

조제식의 종류	무게 (g/용기내수저)	페닐알라닌 (mg)	단백질 (g)	에너지 (㎉)
PKU-1™(매일)	3.9	0	0.59	17.9
PKU-2™(매일)	3.9	0	1.17	16.6
Lofenalac™(mead Johnson)	9.5	7	1.4	43
Phenyl Free™(mead Johnson)	9.8	0	2.0	40
phenex-1™ (Ross Laboratories)	8.0	미량	1.2	38.4
phenex-2™ (Ross Laboratories)	6.5	미량	1.95	26.7
XP Analog(SHS)	8.0	0	1.04	38
XP Maxamaid(SHS)	12	0	3	37
XP Maxamum(SHS)	12	0	4.7	36

참조 : Nelson JK. et al(1994): Mutritional theraphy for phenylketonuria. In: Mayo clinic diet manual: a handbook of nutrition practices. 7th ed. Mosby. chicago. p.530/ 매일유업

출처 : (사)대한영양사협회. 임상영양관리지침서. Ⅱ소아 및 청소년기. p.87. 2010

2. 단풍당뇨증

단풍당뇨병은 분지형 아미노산인 루신(leucine), 이소루신(isoleucine), 발린(valine)의 산화적 탈산화를 촉진시키는 효소의 결핍으로 소변에서 특이한 냄새를 발생하며 치료하지 않으면 저혈당, 신경계 손상, 혼수를 유발한다. 표 12-3은 분지형 케톤산 탈탄산효소 활성에 따는 단풍당뇨증의 분류이다. 표 12-4는 단풍당뇨증 영아, 소아, 성인의 영양권장량이다.

표 12-3 분지형 케톤산 탈탄산효소 활성에 따는 단풍당뇨증의 분류

분류	탈탄산효소 (정상수준에 대한 비율%)	식사조절
전형적 단풍당뇨증	0~2	식사에서 류신, 이소류신, 발린의 섭취를 제한하고 질소는 L-아미노산으로 공급
중도적 단풍당뇨증	2~8	식사에서 류신 이소류신과 발인을 중정도로 제한
간헐적 단풍당뇨증	8~16	증상이 나타나기 전에는 제한 없음 증상이 있는 경우 전형적인 MSUD와 비슷
티아민 반응성 단풍당뇨증	dir 40	티아민 보충(10~200 mg/일)- 최소 3주간 류신, 이소류신, 발린을 약간 제한

출처 : Nelson JK, et al(1994): Maple syrup urine disease. in: Mayo clinic diet manual. 7th ed. mosby. p.520

(사)대한영양사협회. 임상영양관리지침서. Ⅱ소아 및 청소년기. p.98. 2010

표 12-4 단풍당뇨증 영아, 소아, 성인의 영양권장량

	영양소					
연령	이소루신	루신	발린	단백질	열량	수분
영아	(mg/kg)	(mg/kg)	(mg/kg)	(g/kg)	(kcal/kg)	(mL/kg)
0~3개월 미만	36~60	60~100	42~70	3.0~3.5	120(95~145)	125~150
3~6개월 미만	30~50	50~85	35~60	3.0~3.5	120(95~145)	120~160
6~9개월	25~40	40~70	28~50	2.5~3.	110(80~135)	125~145

미만				0		
9~12개월 미만	18~33	30~55	21~38	2.5~3.0	105(80~135)	120~135
소아	(mg/일)	(mg/일)	(mg/일)	(g/일)	(kcal/일)	(mL/일)
1~4세 미만	165325	275535	190400	≥30	1,300(900~1,800)	900~1,800
1~4세 미만	215~420	360~695	250~490	≥35	1,700(1,300~2,300)	1,300~2,300
7~11세 미만	245~470	410~785	285~550	≥40	2,400(1,650~3,300)	1,650~3,300
여아	(mg/일)	(mg/일)	(mg/일)	(g/일)	(kcal/일)	(mL/일)
11~15세 미만	330~445	550~740	385~520	≥50	2,200(1,500~3,000)	1,500~3,000
15~19세 미만	330~445	550~740	385~520	≥5	2,100(1,200~3,000)	1,200~3,000
19세 이상	3004~50	400~620	420~650	≥60	2,100(1,400~2,500)	1,400~2,500
남아	(mg/일)	(mg/일)	(mg/일)	(g/일)	(kcal/일)	(mL/일)
11~15세 미만	325~435	540~720	375~505	≥55	2,700(2,000~3,700)	2,000~3,700
15~19세 미만	425~570	705~945	495~665	≥65	2,800(2,100~3,900)	2,100~3,900
19세 이상	575~700	800~1,100	530~800	≥70	2,900(2,000~3,300)	2,000~3,300

출처 : Acosta PB. et al(2001): The Ross metabolic formula system: Nutrition support protocols. 4th ed. Ross Laboratories. Columbus. p.85

(사)대한영양사협회. 임상영양관리지침서. II소아 및 청소년기. p.102. 2010

3. 갈락토오스혈증

갈락토오스혈증은 갈락토오스 1 인산 우리딜 전환효소의 결핍으로 간에서 갈락토오스가 포도당으로 전환되지 못하고 혈중에 갈락토오스가 증가한다. 식욕부진, 구토, 설사, 체중저하, 발육지연 등이 있다 사망률도 높으므로 갈락토오스 함유식품을 제한한다. 갈락토오스 제한 시 허용되는 식품과 금지식품은 표 12-4와 같다.

표 12-4. 갈락토오스혈증의 허용식품과 금지식품

식품종류	허용식품	제한식품
음료수	콩단백질 분유 또는 카제인 가수분해 조제식, 탄산음료, 토마토주스, 커피, 홍차	우유, 유제품
빵류	우유나 유제품을 넣지 않고 만든 빵, 바케트빵, 대부분의 베이글, 가염크래커	우유, 유당을 함유하고 있는 빵, 머핀, 비스킷, 팬케익 등
시리얼	우유를 함유하고 있지 않은 제품	우유를 함유하고 있는 제품
감자류	감자, 고구마, 마카로니, 국수, 쌀, 스파게티 등	우유나 버터가 들어간 매쉬드포테이토, 가공중 유당이 들어간 프렌치프라이 등
치즈	없음	모든 치즈와 치즈제품
후식류	젤라틴, 과일 아이스바, 과일이 들어간 파이, 과일푸딩, 우유를 넣지 않고 만든 제품	우유, 크림, 버터, 요거트가 들어간 아이스크림, 케잌, 쿠키, 커스터드, 푸딩, 파이
달걀	모든 달걀	우유나 유제품, 버터, 크림이 들어간 스크램블, 오믈렛
지방	땅콩버터, 견과류, 식물성기름, 동물성지방, 유제품이 함유되어 있지 않는 드레싱, 다이어트 마가린	버터, 마가린, 시판 샐러드드레싱, 우유를 함유하고 있는 크림 소스제품

과일, 과일주스	모든 생과일, 냉동과일 또는 톤조림 과일, 유당을 함유하지 않은 과일주스	유당을 함유하고 있는 과즙음료나 제품
육류	쇠고기, 돼지고기, 햄, 베이컨, 닭고기, 칠면조고기, 오리고기, 생선 어패류 등	분유를 함유하고 있는 제품, 볼로냐 소시지, 살라미 서시지, 간·췌장·신장·심장 등의 조직
수프	맑은 수프 야채수프, 닭고기 수프, 쇠고기 수프, 묽은 수프(broth), 콘소메, 소·닭고기의 맑은 수프(bouillon), 허용된 재료로 만든 수프.	우유로 만든 크림수프, 시판수프, 가루스프
당류	설탕, 꿀, 메이플시럽, 콘시럽, 젤리, 마멀레이드, 테이블시럽, 사탕, 껌, 머수멜로우, 흑설탕	우유나 버터, 크림이 들어간 제품(버터 스카치, 캐러멜, 밀크초콜릿)
채소류	이외의 채소	조리 중 유당이 함유된 제품
기타	소금, 후추, 양념, 식초, 케첩, 토마토 소스, 코코넛 등	우유, 유장, 응고된 유장, 유당, 커드, 카제인, 카제인을 함유하고 있는 제품, 발효된 된장

출처 : Acosta PB. et al(2001): The Ross metabolic formula system: Nutrition support protocols, 4th ed. Ross Laboratories. Columbus, p.262-267

(사)대한영양사협회. 임상영양관리지침서. Ⅱ소아 및 청소년기 p.77. 2010.

⌘제12장⌘

골격계 질환과 통풍

제12장 골격계 질환과 통풍

1. 골다공증

뼈조직은 뼈세포(골세포)와 뼈기질(세포간질)로 이루어져 있으며 뼈세포에는 합성에 관여하는 골아세포와 분해에 관여하는 파골세포가 있다. 뼈는 골막, 골질, 골수 등으로 구성되어 있다. 골막은 뼈에 영양분을 공급하고 뼈를 보호하며 뼈의 재생에 관여한다. 골질은 치밀질과 해면질이 있으며 부드러운 해면질에 골수가 들어 있다. 골수에는 조혈작용을 하는 적골수, 적골수의 조혈작용이 중지되어 주로 지방으로 대치된 상태의 골수인 황골수가 있다.

골다공증은 골질량의 부족, 뼈의 미세구조의 변형 등으로 골절의 위험이 높다. 폐경기 여성에서 유병률이 높으며 전 연령 층에서 칼슘의 섭취를 충분히 하고 칼슘의 흡수를 도와주는 비타민 D를 충분히 섭취해야 한다. 표 12-1은 골다공증 유발 위험유인이며 표 12-2는 성인 1회 섭취 분량으로 칼슘 함량이 높은 식품 순으로 나타내었다. 골다공증의 진단은 골밀도를 측정하여 표 12-3의 세계보건기구의 기준치에 의해 분류한다. 골조송증은 골질량이 부족하나 골다공증 이전단계이다.

· 골다공증의 가족력 · 여성 · 백인과 아시안 · 빈약한 체격 · 에스트로겐 결핍 폐경기 조기 난소 절제 여성 · 성선 기능저하증의 남성 · 과다한 운동으로 무월경이 초래된 여성 · 연령, 특히 60세 이상 · 운동부족 · 일부 약물의 지속적인 복용 알루미늄 함유 제산제 스테로이드 테트라사이클린 항경련제 외인성 갑상선호르몬	· 음의 칼슘 균형을 유발하는 질환 및 상태 갑상선 기능 항진증 당뇨병 만성신부전 만성설사와 흡수부진 부갑상선 기능 항진증 만성 폐쇄성 폐질환 부분 위절제 반신불수 저체중 흡연 알코올 과다섭취 섬유소 과다섭취 카페인 과다섭취 칼슘과 비타민 D 섭취부족

표 12-1 골다공증 유발 위험요인

출처 : Mahan LK, Escott-Stump S(2008): Krause' s food. nutrition & diet therapy. 12th ed. Saunders. pp.629-630
(사)대한영양사협회. 임상영양관리지침서. p.270. 2010

표 12-2 식품의 칼슘 함량
(성인 1회 섭취 분량)

식품	1회섭취분량(g)	칼슘(mg)	에너지(kcal)	식품	1회섭취분량(g)	칼슘(mg)	에너지(kcal)
미꾸라지	60	441.6	58	비름	40	67.6	12
토란대 (마른 것)	20	210	45	장어 (갯장어)	80	67.2	156
우유	200	210	120	오렌지	200	66	86
무청	60	149.4	11	멸치 (자건품,중)	5	64.5	12
새우 (자건품, 중하)	5	138.4	15	재첩(재치조개, 갱조개)	35	64.5	33
피자	145	136.3	390	치즈 (모차렐라)	15	60.5	32
요구르트 (호상, 딸기)	110	115.5	109	요구르트 (액상)	150	58.5	98
아이스크림 (소프트,바닐라)	80	104.8	178	대구	90	57.6	72
치즈 (슬라이스)	20	100.6	62	미역 (말린 것)	6	57.5	6
뱅어포	10	98.2	36	고사리 (말린 것)	30	56.4	68
홍어	30	91.5	26	취나물	45	55.8	14
톳	50	78.5	6	굴비	80	54.4	266
두부	60	75.6	50	열무	45	54	6
돌나물	35	74.2	4	꽃게	45	53.1	33
연두부	110	68.2	45	복어	90	51.3	80

출처 : 농촌진흥청, (사)대한지역사회영양학회. 실물로 보는 건강한 상차림 길잡이. 에덴복지재단. p.48. 2011

표 12-3 정상골밀도, 골조송증 및 골다공증 분류를 위한 WHO의 T-Score 기준

분류	T-Score
정상골밀도	-1.0 이상
골조송증	-1.0 ~ -2.5
골다공증	-2.5 이하
심한 골다공증	-2.5 이하 및 유약골절

출처 : Adapted from the World Health Organization and the international Society for Clinical Densitometry
· 이명숙 외 역. 임상영양학. 양서원. p.506. 2012

2. 골관절염

골관절염은 퇴행성관절염이라고도 하며 노화, 여성, 가족력, 직업, 비만 등이 위험요인이다. 주로 무릎관절과 손가락 관절에 잘 나타나며 통증이 심하다. 관절 연골이 마모되면서 활액막에 염증이 생겨 통증이 생기며 붓기도 하고 변형도 생긴다. 임상영양관리는 정상체중을 유지하고 골관절염이 나타나는 부분에 무리한 동작이 가해지지 않도록 한다. 염증을 치료하기 위해 스테로이드 호르몬제를 사용할 경우에는 나트륨 제한식을 한다.

3. 통풍

통풍은 체내에서 요산이 소변으로 나가지 못하고 혈중에 증가되어 고요산혈증을 유발하여 연골관절에 요산이 침착하여 관절염과 같은 발작 증세를 일으킨다. 40~50대 남자에게 발생빈도가 높고 한밤중에 통증이 심하다. 퓨린대사 이상으로 혈중 요산이 증가한다. 임상영양관리는 정상체중을 유지하고 표 12-4 퓨린 함량에 따른 식품군 중 퓨린 함량이 적은 식품을 섭취한다. 심한 체중감량도 요산 배설을 억제한다. 물은 충분히 섭취한다.

표 12-4 퓨린 함량에 따른 식품군 분류

많은 식품군 (150~800 mg)	중간 식품 (50~150 mg)	적은 식품 (0~15 mg)
내장부위(심장, 간, 지라, 신장, 뇌, 혀), 육즙, 거위, 생선류(정어리, 청어, 멸치, 고등어, 가리비조개)	고기류, 가금류, 생선류, 조개류, 콩류(강낭콩, 잠두류, 완두콩, 편두류), 채소류(시금치, 버섯, 아스파라거스	달걀, 치즈, 우유, 곡류(오트밀, 전곡 제외), 빵, 채소류(나머지), 과일류, 설탕
급성기인 경우, 증세가 심할 때 섭취할 수 없음.	회복 정도에 따라 소량 섭취할 수 있음.	제한 없이 섭취할 수 있음.

출처 : (사)대한영양사협회. 임상영양지침서. p.475. 2010

⌘제13장⌘

식품알레르기와 신경계질환

제13장 식품알레르기와 신경계질환

1. 식품알레르기

식품알레르기는 식품을 섭취한 후에 나타나는 유해반응 중 특히 면역학적 기전에 의해 발생하는 것이다. 알레르기 반응에 관여하는 항체는 면역 글로불린 E(immunoglobulin, Ig E)이다. 알레르기 증상은 표 13-1과 같다.

표 13-1 각 기관에 따른 알레르기 증상

기관	증상
피부	두드러기, 부종. 습진, 자반(피부출혈), 피부염
호흡기	천식
소화기	급성(복통, 설사, 구토, 위통, 혈변) 만성(민성설사, 혈변)
순환기	후두의 부종과 기관지 천식으로 기침, 호흡곤란, 쇼크
신경계	두통, 행동이상, 알러르기성 피로, 다한, 편두통
비뇨기	혈뇨, 호산구성 방광염, 신출혈, 야뇨증, 네프로제 증후군
운동기	관절통
혈액	철 결핍성 빈혈. 혈소판 감소증, 저단백혈증
눈	알레르기성 결막염
전신증상	식품에 의한 전신 증상은 적으나 영아에게서는 나타나며 항원 섭취 직후 안면 창백, 식은 땀, 혈압 강하, 의식 혼미

출처 : 권종숙 외. 임상영양학. 신광출판사. p.416. 2012

식품 알레르기의 진단은 병력조사, 항원시험, 으로 이루어지며 항원을 조사하기 위해 알레르기 유발식품을 음식에서 제거하는 것(제거식)과 흰 죽에 의심스러운 식품을 한가지씩 첨가하여 반응을 보는 것(유발검사식)이 있다. 임상영양관리는 항원이 되는 식품을 제거하거나 조리법을 변경해서 제공한다. 표 13-2는 식품알레르기와 대체품에 관한 것이다.

표 13-2 식품알레르기와 대체품

식품 알레르기	식품 속 성분명	피해야 할 식품	주요 영양소	대체식품
우유	카제인, 유장, 락트 알부민, 소디움 카제이네이트, 락토오스, 탈지분유, 크림, 칼슘 카제이네이트	우유, 치즈, 버터, 아이스크림, 요구르트, 우유·분유가 들어간 제품	단백질 칼슘 인 비타민 A 비타민 B 비타민 D	4개월 미만: 단백질 가수분해 분유, 아미노산 분유 4~6개월: 단백질 가수분해 분유, 아미노산 분유 외의 두유, 고류제품, 과일 6~24개월: 특수분유, 고기, 채소, 과일 등
달걀	알부민, 난백, 난황	달걀, 달걀가루, 도넛, 케이크,쿠키, 마요네즈 등, 달걀이 들어간 식품(전, 튀김, 샐러드 등)	단백질 지방 비타민 B_1 비타민 B_{12} 셀레늄	고기, 생선 등
밀	밀가루, 밀배아, 밀기울, 밀전분,글루텐, 식용전분, 식용검	밀가루가 포함된 조리식품(튀김옷 포함), 밀가루제품, 과자, 크래커, 마카로니, 국수, 그레비 소스, 간장, 핫도그, 소시지	비타민 B_1 비타민 B_2 나이아신	보리, 쌀, 오트밀, 옥수수, 당면, 쌀떡 등

출처 : (사)대한영양사협회. 임상영양관리지침서. II소아 및 청소년기. p265. 2010

2. 신경계질환

1) 알쯔하이머병

치매의 원인이 되며 퇴행성 뇌질환이다. 기억 상실, 감각 상실, 실어증 등의 증상을 보이며 주로 50~60대에 발병한다. 알츠하이머병은 그림 13-1의 신경염성 판과 신경섬유 매듭 이라는 특징적인 병리조직이 신경세포 안과 바깥에 축적되어 생기는 병이다

식품 알레르기	식품 속 성분명	피해야 할 식품	주요 영양소	대체식품
대두	대두분, 콩기름, 식물성기름, 콩단백, 식물성 전분, 식용검	간장, 데리야키 소스, 우스터 소스, 참치통조림, 대두로 만든 시리얼이나 제품, 대드, 두유, 두유제품, 마가린	단백질 비타민 B_1 비타민 B_2 엽산 칼슘 아연 인 마그네슘	고기, 생선 등
어패류	생선, 새우, 조개, 게	생선, 갑각류(새우, 게, 가재 등),통조림 생선, 조개류(조개, 굴, 가리비 등). 가공해산물	단백질	고기
견과류	땅콩, 호두, 아몬드 등	땅콩, 호두, 아몬드 등의 견과류, 견과류가 들어간 사탕, 과자 등	지방 크롬 마그네슘 망간 비타민 E	견과류 외의 식물성 기름

(국가치매지식정보포털. http://www.edementia.or.kr).

그림 13-1 신경염성 판 과 신경섬유 매듭

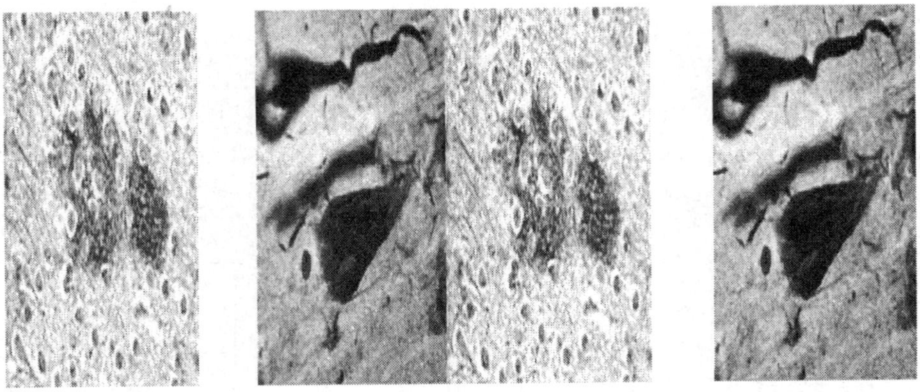

출처 : 국가치매지식정보포털. http://www.edementia.or.kr

알츠하이머병의 임상영양관리는 질병이 진행되면 체중감소, 감염 등이 나타나므로 정기적인 체중측정과 혈청 알부민을 측정한다. 보호자가 질병에 대해 잘 이해하고 환자를 돌보아야 한다. 예측할 수 없는 돌발 행동들이 나타나므로 항상 주의 깊게 관찰하고 체중감소가 계속되면 상업용 영양보충음료를 제공한다.

2) 파킨슨병

신경전달물질인 도파민을 생성하는 기관(흑질)의 점진적인 퇴화로 진행되는 신경퇴행성 질병이다. 근육강직, 느린 움직임, 떨림의 증상을 가지고 도파민을 약제로 사용해도 혈관-뇌장벽을 통과할 수 없으므로 L-dopa를 사용한다. 고단백식은 L-dopa의 효과를 감소시키므로 제한한다. 비타민 B_6도 L-dopa의 효과를 줄인다.

3) 중증 근무력증

자가면역질환으로 근육이 서서히 약해져 쉽게 피로하며 마비가 나타난다. 연하곤란이 나타날 수도 있다. 임상영양관리는 연하곤란 시 경관급식을 한다. 면역억제제를 사용하게 되면 단백질을 증가시키고 적은 양을 자주 섭취한다.

4) 뇌전증

과거 간질이라는 용어가 뇌전증으로 바뀌었다. 뇌전증은 특별한 원인인자가 없는데도 불구하고 만성적으로 발작이 일어나는 것이다. 2회 이상 발작이 일어나면 지속적인 약물요법을 행한다. 임상영양관리는 항경련제를 사용할 때 미량영양소의 결핍이 나타날 수 있으므로 엽산이나 비타민 B_{12} 결핍으로 인한 거대적아구성 빈혈 검사를 행한다. 비타민 D의 대사가 증가할 수 있으므로 매일 15~20분 정도 햇볕을 쐬는 것도 좋다.

⌘제14장⌘

수술과 화상

제14장 수술과 화상

1. 수술

수술은 병을 치료하기 위해 피부나 신체의 일부를 자르거나 도려내는 것이다. 술술은 스트레스상황과 같다. 수술 전의 임상영양관리는 환자가 영양불량 상태이면 정맥주사로 충분한 영양공급이 요구된다. 특히 혈중 알부민의 농도는 수술 후 합병증이나 예후에 좋은 지표이다. 수술 전 8~12 시간 이상의 금식이 필요하다.

수술 후 임상영양관리는 장폐색을 방지하기 위해 수술 후 24~48시간 금식하고 장가스가 나오고 난 후 맑은 유동식을 시작으로, 이행식을 제공한다. 대수술 후에는 체단백질의 과다 손실, 질소대사 항진, 간에서의 알부민 합성 감소 등으로 저단백혈증이 나타날 수 있으므로 충분한 영양공급이 필요하다.

2. 화상

고온의 열, 화학물질, 전기, 방사선에 노출되어 생기는 신체적 손상이며 손상된 정도에 따라 1도 화상, 표재성 2도 화상, 심재성 2도 화상, 3도 화상으로 구분한다.

화상 정도에 따른 화상의 특징은 표 14-1에 나타나 있다. 임상영양관리는 화상의 초기단계에서는 수분과 전해질 보충이 우선이다. 회복기에는 충분한 영양공급이 필요하다. 경구급식이 불가능하면 경관급식이나 중심정맥영양도 고려한다. 에너지와 단백질 요구량은 쿠레리(Curreri) 공식을 이용하여 성인의 경우 아래의 공식을 이용하여 산출한다.

에너지요구량 = [에너지 25kcal ×화상전 체중(kg)] + [40kcal ×전체 체표면적에 대한 화상의 %]

단백질 요구량 = [1g 단백질×화상전 체중(kg)] + [3g 단백질 ×전체 피부면적에 대한화상의 %]

표 14-1 화상 정도에 따른 화상의 특징

분류	원인	특징			
		외형	감각	치료기간	흉터형성
1도화상	자외선, 매우 짧은 화염노출	건조하고 붉음. 압력을 가하면 희어짐	아픔	3~6일	없음
표재성 2도화상	끓는물이나 뜨거운 증기, 짧은 화염 노출	수포; 분비물 많고 붉고 삼출. 압력을 가하면 희어짐	공기와 열에 아픔	7~20일	평소와는 다름. 피부색 변화
심재성 2도화상	끓는 물, 불꽃, 기름, 유성물질	수포(쉽게벗겨짐.): 습하거나 창백하면서 건조함. 다양한색 (군데군데 치즈 간은 흰색에서 붉은색). 압력을 가하면 희어지지 않음	오직 압력만 지각할 수 있음	21일 이상	심한 구축(contracture) 위험
3도화상	끓는 물(잠김), 불꽃, 수증기,기름, 유성물질, 화학제품, 높은 전압의 전류	밀납 같은 흰색, 가죽 같은 회색, 까맣게 탄 검정색. 건조하고 탄력 없음. 압력을가하면 희어지지 않음	강한 압력만 자각할 수 있음	치료되지 않음(만약 화상을 체표면적의 2 % 이상 입었다면)	매우 심각한 구축 위험

출처 : Robert Huh Demling. M.D.(Editor, Burnsurgery.org)from http://burnsurgery.org/Modules/Burnwound/rationale/burn_injury/depth_assessment.htm

이명숙 외. 임상영양학. 양서원. p.452. 2012

⌘임상영양학 요점정리⌘

임상영양학 요점정리

1. **임상영양관리란?**

   질병이나 상해를 치료하기 위한 의학적인 영양서비스를 제공
   영양상태 판정과 치료의 두 단계로 구분
   입원환자를 대상으로 영양요법을 실시하여 질병의 치료, 예방, 영양불량개선 및 방지함을 목적

2. **임상영양사의 임무**

   영양검색, 평가, 상담 및 교육, 병실순회(회진상담)

3. **식품교환표의 식품 1교환 단위당 영양기준**

식품군		분량(g)	눈대중	당질(g)	단백질(g)	지방(g)	열량(Kcal)
곡류		밥 70	1/3 공기	23	2	-	100
어육류	저지방	육류 40 어류 50	작은 1토막	-	8	2	50
	중지방			-	8	5	75
	고지방			-	8	8	100
채소*		70	삶아서 1/3컵	3	2	-	20
지방		5	1ts	-	-	5	45
우유류	일반	200	1컵	10	6	7	125
	저지방			10	6	5	80
과일		사과 100	중 1/3개	12	-	-	50

출처 : (사) 대한영양사협회. 식품교환표 개정판. p.2. 2010

* 고춧잎, 쑥, 단호박, 풋마늘, 당근, 연근, 도라지, 우엉, 매생이, 무말랭이는 당질함량이 높기 때문에 당뇨병환자에게 사용할 때 주의를 요함.

4. 영양진단

1) 영양상태 평가(ABCD), 영양검색(스크리닝, 입원 후 24~48시간 이내 시행)

A : 신체계측 ⇨신장, 체중, 두위(2세미만), 캘리퍼이용 피부두겹집기(삼두근 외, 체지방상태), 상완위(단백질 상태) 등

B : 생화학적 검사 ⇨혈액, 소변, 조직 등

내장단백질(혈청 알부민, 트랜스페린, 프리알부민, 레티놀결합단백질)·

면역기능(총임파구수, 지연형 피부 과민 반응)

질소평형 = 단백질 섭취량/6.25-(UUN+3또는 4)

** 1일 단백질 필요량(g) = (24시간 뇨질소량+3~4)×6.25

혈액학적 자료(Hct, Hgb, MCV, MCHC)

기타(BUN, 혈청크레아티닌, GFR 외)

C : 임상검사 ⇨ 환자면담 시 확인

D : 식사섭취조사 ⇨ 24시간회상법, 식사기록법, 식품섭취빈도조사 등

이 외 병력, 사회력, 식사력, 약물 상태, 가족력 등 확인

2) 영양치료계획

자료분석을 통하여 적절한 영양관리 방법 선택과 영양문제 우선순위 결정 (개인별 치료 목표설정)

3) 영양치료 실시

영양상담, 식사조절, 영양지원

4) 의무기록

S(환자 주관적 자료), O(객관적 자료), A(S, O의 평가), P(치료를 위한 계획, 교육 및 권고)

5) 평가

**** 한국인 영양섭취기준(한국영양학회, 2010년)**
에너지는 필요추정량
나트륨(충분과 목표)과 콜레스테롤은 목표섭취량
상한섭취량이 정해진 것; 비타민 A, D, E, C, 니아신, B6, 엽산, 칼슘,인, 마그네슘, 철, 아연, 구리, 불소, 망간, 요오드, 셀레늄, **몰리브덴은 상한만 책정 됨.** 충분섭취량만 정해진 것; 식이섬유(20~25g), 수분(2,100~2,600mL), 판토텐산, 비오틴, 염소 ,칼륨 충분과 상한만정해진 것; 비타민 D, E, 불소 망간

5. 병원식과 영양지원

1) 병원식

일반식(일반식, 연식, 저작보조식, 전유동식, 맑은 유동식, 찬유동식)

치료식(당질, 단백질, 지질, 무기질, 섬유소, 열량조절식)

검사식(5-HIAA, 지방변, 레닌, 400mg 칼슘 검사식, OGTT 등)

2) 영양지원

(1) 경장영양

경관급식(비위장관, 위조루, 공장조루)

영양보충음료

주입방법(지속적, 간헐적, 볼루스, 주기적)

(2) 정맥영양

중심정맥영양(TPN) ; 쇄골하정맥, 카테터 이용

말초정맥영양(PPN)

6. 소화기 질환

1) 연하곤란 : 흡인의 위험
2) 위식도역류 : 하부식도 괄약근이상, 흉부작열감
3) 식도열공 헤르니아 : 역류성 식도염 유발
4) 식도정맥류 : 간경병의 문맥압 항진으로 생김
5) 위염 : 급성, 만성(과산성, 무산성)

6) 소화성 궤양 : 위, 십이지장궤양 (peptic ulcer)

원인 ; 식사성 요인, 스트레스, 헬리코박터 파일로리균, 약물 복용, 알코올, 흡연, 프로스타글란딘 결함

영양치료 ; 위가 비지 않도록 소량씩 자주 섭취

합병증 ; 알칼리혈증, Vit. Cal. Pro.결핍증. 빈혈(Anemia)

7) 위하수 : 무산성위염과 비슷한 식사가 유효

8) 위암

** 덤핑증후군(위절제수술 후 증후군) ; 저당질, 무자극, 고유화지방 , 고단백, 고철분식

9) 설사 : 부패성, 발효성 설사

지방흡수불량이면 MCT oil

10) 변비 : 이완성 , 경련성

11) 염증성 장질환 : 크론병

12) 게실염 : 고섬유소식

13) 대장암

7. 간, 담낭, 췌장질환

1)급성 간염(바이러스)

A, E형 간염 ; 유행성간염(오염된 식품섭취로 감염)

B, C, D, G형 간염 ; 혈액을 매개로 비경구적 감염

영양치료 ; 초기에 저지방 잠시 하고 차차 중유화지방, 고에너지, 고단백, 고당질, 고비타민, 저섬유, 저나트륨식, 금주(황달시 저지방식)

2) 만성간염 : 양질의 고단백식, 고에너지, 고비타민식, 소량의 유화지방

3) 지방간

간세포에는 변화가 없고 지방량만 증가된 것으로 고지방식, 양질의 protein 감소, 기아, 만성 알코올 섭취로 발생

영양치료 ; 고단백식, 금주

항지방간인자 ; 비타민 E, 레시틴, 콜린, 메티오닌, 셀레늄, 베타인

4) 간경변증

간세포 괴사로 간부종, 황달, 영양성 부종, 문맥고혈압(식도정맥류 발생), 복수

영양치료 ; 저나트륨식, 측쇄아미노산(발린, 루신, 이소루신) 증가식,
방향족 아미노산(페닐알라닌, 티로신, 트립토판) 감소식

5) 간성혼수 : 혈중 암모니아, 아민류 증가가 원인이므로 단백질 제한

6) 간암

7) 담낭염

비만한 사람에게 많으며 세균 감염이 원인이다. 통증이 심하므로 급성인 경우2 4시간 금식, 2-3일후 맑은 유동식부터 저에너지식, 저지방식, 고단백, 고비타민. 고당질식

8) 담석증

영양치료목적 ; 담즙분비와 배설 및 담낭운동 조절, 간보호와 저항력증강, 저지방식

9) 췌장염

췌장의 내분비기능과 외분비기능

급성기 ; 통증이 심하면 2-3일간 절식, 저단백식과 엄중 지방제한식

만성 ; 저지방식

10) 췌장암

8. 심혈관계 질환

1) 심장병

(1) 허혈성 심장질환

협심증(흉통), 심근경색

(2) 울혈성 심장질환

주요 증상 ; 부종, 간종대, 복수

영양관리 ; 저나트륨식, 저에너지식 (비만 시), 저섬유소식

2) 고혈압

정상혈압 ; 80 mmHg, 120 mmHg

고혈압 ; WHO ≥95, ≥160

우리나라 (대한고혈압학회) 1단계: 140-159, 90-99

2단계: ≥160, ≥100

고혈압 전단계:129~139, 80~89

영양관리 : Kempner rice diet , DASH요법

3) 저혈압

≤100 mmHg, ≤90 mmHg

4) 고지혈증

***고지혈증의 분류**

형태		증가되는 지단백질	유도조건	영양관리
제1형		킬로미크론(CM)	고지방식, 지단백질분해효소(LPL) 활성저하	저지방식, MCT
제2형	a	LDL	고에너지식,· 고지방식	저에너지, 저지방
	b	LDL, VLDL	고에너지, 고당질, 고지방식	저에너지, 저지방, 저당질
제3형		IDL (LDL, VLDL)	고지방, 고당질식	저지방, 저당질
제4형		VLDL	고당질식	저당질식
제5형		CM, VLDL	고당질, 고지방식	저에너지, 저지방, 저당질

5) 동맥경화 (LDL이 문제)

아테롬경화 ; 콜레스테롤과 섬유성 물질이 큰 동맥에 부착

중막 경화 ; 중막에 칼슘이 침착되어 주로 동맥류 유발

세동맥경화 ; 장기와 연결 된 동맥에 경화(고혈압, 뇌졸중 유발)

9. 비만

1) 비만

체질량지수(BMI) 기준

비만의 판정기준

	세계보건기구	대한비만학회
저체중	< 18.5 kg/m^2	< 18.5 kg/m^2
정상체중	18.5~24.9 kg/m^2	18.5~22.9 kg/m^2
과체중	25.0~29.9 kg/m^2	23.0~24.9 kg/m^2
비만	≥ 30.0 kg/m^2	≥ 25.0 kg/m^2

행동수정요법

목표체중

2) 저체중

표준체중의 10% 이하, 체질량지수가 18.5 kg/m^2이하

농축된 고에너지식

3) 섭식장애

(1) 신경성 식욕부진증

(2) 신경성 대식증

10. 당뇨병

1형(IDDM, 인슐린의존형), 2형(NIDDM, 비인슐린의존형)

증상 ; 당뇨, 고혈당, 다뇨, 다음, 다식

검사 ; 혈당, 뇨당, 뇨중 케톤체, C- peptide, HbA1c(6.5% 이상이면 당뇨병으로 진단)

급성합병증 : 당뇨병성 케톤산증(제 1형 당뇨병)

고삼투압성 고혈당 증후군(제 2형 당뇨병)

응급처치

만성합병증 : 심혈관계 질환, 망막증, 신경조직손상

11. 신장질환

1) 신증후군(네프로제 증후군)

단백뇨, 저알부민혈증, 심한 부종, 고지혈증 증상

영양관리 : 양질의 단백질 공급 및 알부민제제, 이뇨제

2) 사구체신염

3) 신부전

4) 투석요법

혈액투석, 복막투석

5) 신장이식 : 면역억제제 사용 시 고단백식

6) 신결석

칼슘결석, 시스틴 결석

**** 신장환자를 위한 식품교환표의 의미**

12. 빈혈

1) 철결핍성 빈혈 : 저장철인 페리틴이 우선 감소 그 다음 헤모글로빈 감소

* 철 흡수 저해 인자 ; 피틴산, 탄닌, 대두단백질, 식이섬유 등

2) 재생불량성 빈혈 : 골수 이식

3) 용혈성 빈혈 : 엽산, 비타민 E, 아연 보충

4) 백혈고 감소증과 과다증

13. 선천성 대사이상

1) 페닐케톤요증 : 페닐알라닌 수산화효소 결핍

2) 단풍당뇨병 : 분지형 아미노산인 루신, 이소루신, 발린의 산화적 탈산화를 촉진시키는 효소의 결핍

3) 갈락토오스혈증 : 갈락토오스 1 인산 우리딜 전환효소의 결핍

14. 골격계 질환과 통풍

1) 골다공증 : 골질량의 부족, 뼈의 미세구조의 변형 등으로 골절의 위험
칼슘, 비타민D 보충, 운동

2) 골관절염 : 퇴행성관절염

3) 통풍 : 혈중 요산증가, 요산염 형성, 관절에 침착, 한밤중 통증

15. 식품알레르기와 신경계질환

1) 식품알레르기 : 면역 글로불린 E
알레르기 유발식, 제거식

2) 신경계질환 : 알츠하이머(퇴행성 뇌질환)
파킨슨병(L-도파)
중증근무력증
뇌전증(간질)

16. 수술과 화상

1) 수술

· 썰물기(상해 직후) - 심박출량, 산소소비, 체온저하, 저혈량증에의한 쇼크
밀물기(회복기) - 급성기; 이화작용, 적응기; 동화작용

2) 화상
수분 전해질 보충 , 고단백식, 고아연식, 비타민 C

참고문헌

(사)대한영양사협회. **임상영양관리지침서** 제3판. ㈜메드랑. 2010
주은정, 이경자, 박은숙, 유현희. 질병 맞춤형 **임상영양학**. ㈜교문사. 2010
김화영, 조미숙, 장영애, 원혜숙, 이현숙, 양은주. **임상영양학**. 신광출판사. 2010
이명숙 외 편역. 임상영양사를 위한 임상치료 **임상영양학**. 양서원. 2010
이미숙, 이선영, 김현아, 정상진, 김원경, 김현주. **임상영양학**. 파워북. 2010
손숙미, 임현숙, 김정희, 이종호, 서정숙, 손정민. **임상영양학**. ㈜교문사. 2007
권종숙, 김경민, 김혜경, 장유경, 조여원, 한성림. 사례와 함께 하는 **임상영양학**. 신광출판사. 2010
(사)대한영양사협회. **국제임상영양 표준용어지침서**. (사)대한영양사협회. 2011
서광희, 이영순, 이병순, 김애정, 홍경희, 김정남. **임상영양학**. 양서원 2010
(사)한국영양학회. **한국인영양섭취기준** 개정판. 도서출판 한아름기획. 2010
佐藤和人, 本間 健, 小松龍史 編. **臨床榮養學**. 第 5版. 醫歯藥出版株式會社. 2011
김효수, 고지혈증치료지침: 2006년도 업데이트. 대한내과학회지. 제71권 부록 2호. S703-S712. 2006
한국지질・동맥경화학회. 이상지질혈증 치료지침. 청운. 2009
강남희, 김경민, 김순미, 권순형, 이정희, 정혜경, 조미숙, 최미숙. 생리학. 파워북. 2007
이영순. 식사요법. 식사요법. 광문각. 2011

사이트보기

대한급식신문. http://www.fsnews.co.kr
(사) 대한영양사협회. http://www.dietitian.or.kr
한국영양교육평가원. http://www.kidee 2011.or.kr
서울아산병원. http://healthinfo.amc.seoul.kr
대한고혈압학회. http://www.koreanhypertension.org
국민고혈압사업단. http://www.hypertension.or.kr
한국지질·동맥경화학회. http://www.lipid.or.kr
한국보건사회연구원. http://www.kihasa.re.kr
국민건강영양조사. http://knhanes.cdc.go.kr
보건복지부. http://www.mw.go.kr
대한비만학회. http://www.kosso.or.kr
대한당뇨병학회. http://www.diabetes.or.kr
대한내과학회. http://www.kaim.or.kr
국가치매지식정보포털. http://www.edementia.or.kr
대한뇌전증학회. http://www.kes.or.kr
통계청. http://www.kostat.go.kr
농촌진흥청. http://www.rda.go.kr

찾아보기

(ㄱ)

(ㅂ)

(ㅅ)

(ㅇ)

(ㅈ)

(ㅊ)

(ㅋ)

(ㅌ)

(ㅍ)

(ㅎ)

알키온을 활용한 원격교육교재

임 상 영 양 학

2013년 2월 18일 인쇄
2013년 2월 20일 발행
저 자 이 영 순 저
펴낸이 오 성 걸
펴낸곳 **오성미디어**
주 소 132-916 서울시 도봉구 창 3동 491-1
전 화 02)997-0136
FAX 02)997-0137
등 록 2000. 5. 12 제 7-212 호

ISBN 978-89-6628-061-2 값 13,000 원